Nestlé

Anatomie eines Weltkonzerns

Attac Schweiz (Hrsg.)

Nestlé

Anatomie eines Weltkonzerns

Vorwort von Susan George

Aus dem Französischen von Birgit Althaler

Reihe Attac-Texte
Rotpunktverlag

Originaltitel: Attac contre Nestlé

Der Text wurde für die deutsche Ausgabe stark überarbeitet
und aktualisiert.

Groupe mondialisation et multinationales
Attac Vaud
Case Postal 5105
CH-1002 Lausanne

www.rotpunktverlag.ch

Umschlag (unter Verwendung eines Fotos von
René Maier, ex-press) und Gestaltung: Patrizia Grab

Druck und Bindung: Clausen & Bosse, Leck

ISBN 3-85869-293-x

Inhalt

Vorwort von Susan George **7**

Einleitung **11**

1 Das Nestlé-Imperium: Die Eckdaten **17**
Die Anfänge 18
Nestlé und die WTO: Ein einträgliches Geschäft (1995–...) 21
Fantastische Einkommen und lohnende Beziehungen 23
Konkurrenz oder Aufteilung des Weltmarkts? 34
Produktion im Süden, Konsum im Norden? 37

2 Nestlé als Arbeitgeber: Weltweit im Zwist mit dem Arbeitsrecht **40**
Vom schlechten Umgang mit dem »wertvollsten Kapital« 42
Zum Beispiel Philippinen 42
Zum Beispiel Ecuador 43
Zum Beispiel Thailand 43
Zum Beispiel Südkorea 44
Zum Beispiel Japan 45
Zum Beispiel China 46
Zum Beispiel Frankreich 46
Zum Beispiel Deutschland 48

3 Nestlé in Kolumbien: Eine Gewerkschaft kämpft um ihre Rechte **51**
Die Situation bei Cicolac in Valledupar 52
Druck auf die gewerkschaftlich organisierten ArbeiterInnen 54
Das Schiedsgericht 55
Die Verantwortung von *Nestlé International* 57
Joint Venture Dairy Partners Americas 60
Der Konflikt in Bugalagrande 62
Nestlé und der Bürgerkrieg 65

4 Nestlé und die Gentechnik: Unannehmbare Doppelstrategie 66
Lukrativ für wenige, riskant und gefährlich für alle 67
Doppelte Standards im Kreuzfeuer der Kritik 68

5 Nestlé und der Kaffeemarkt: Unkontrollierte Liberalisierung 73
Die Rolle von *Nestlé* auf dem Kaffeemarkt 73
Dramatische Folgen der Kaffeekrise 74
Die Folgen sinkender Preise für die Kaffeebauern 75
Nestlé profitiert von der Kaffeekrise 76
Welcher Ausweg? 77

6 Nestlé und der Wassermarkt: Geschäfte mit dem Durst 81
Spekulation auf die Wasservermarktung 82
Nestlé führend auf dem Flaschenwassermarkt 83
Nestlé kauft Wasserquellen und Konzessionen 84
Verkaufsstrategien im Westen 89
Verkaufsstrategien im Süden 90
Zugang zu Trinkwasser – ein Menschenrecht 91

7 Nestlé-Milchpulver: Ein nicht enden wollender Skandal 93

8 Schluss 98

Anhang 102
Anmerkungen 102
Überblick über die Geschichte des *Nestlé*-Konzerns 117
Liste der *Nestlé* gehörenden oder angeschlossenen Marken 120
Der Internationale Kodex für die Vermarktung von Muttermilchersatzprodukten 122
Überblick über den Boykott von *Nestlé*-Produkten 124

Vorwort

Von Susan George

Welch ein Gefühl der Verjüngung, des Déjà-vu. Bei der Lektüre dieses Buchs von Attac Vaud fühlte ich mich wie in einer Zeitmaschine, zurückversetzt um dreißig Jahre in eine Zeit, als »GlobalisierungskritikerInnen«, die damals noch nicht als solche bezeichnet wurden, ihren Kampf begannen. *Nestlé* nahm man ins Visier, weil mehr oder weniger aus der ganzen damals so genannten Dritten Welt übereinstimmende Aussagen vorlagen: *Nestlé* versuche mit allen erdenklichen Mitteln, Mütter aus ärmeren Schichten vom Stillen abzubringen und sie zur Verwendung von *Nestlé*-Babymilch zu bewegen. Die Folgen ließen nicht lange auf sich warten: Der Familie fehlt es an Geld für den Kauf ausreichender Mengen an Milchpulver. Dieses wird demzufolge zu stark verdünnt. Das Wasser ist nicht sauber, Flaschen und Schnuller können nicht sterilisiert werden. Das Kind wird nicht gegen Krankheiten immunisiert, vor denen es die Muttermilch schützen würde. Kurzum, es sterben massenweise Säuglinge.

1974 findet der viel beachtete Prozess statt, in dem sich *Nestlé* mit einer anderen Schweizer Gruppe, der Arbeitsgruppe Dritte Welt, konfrontiert sieht. Die AG3W hatte eine Broschüre der englischen NGO War on Want mit dem Titel *The Baby Killer* übersetzt und unter dem veränderten Titel *Nestlé tötet Babies* herausgebracht. Damit zog sie sich den Zorn des Unternehmens zu. Da ich *Nestlé* ein Kapitel meiner Dissertation gewidmet hatte, hatte ich Gelegenheit, die damals vom Konzern gewählte Verteidigungsstrategie genauer anzusehen. Das Unternehmen fälschte schamlos Zitate von ÄrztInnen und ErnährungswissenschaftlerInnen, denen mehr oder weniger das Gegenteil dessen in den Mund gelegt wurde, was sie tatsächlich sagten. Ein für *Nestlé* arbeitender Arzt schreckte nicht einmal vor wissenschaftlichen Fälschungen zurück. Das Gericht in Bern ließ sich übrigens nicht täuschen und stellte in seiner Urteilsbegründung fest, das Beweisverfahren habe klar ergeben, dass durch unreine Saugflaschen und zu starke Verdünnung der Tod von Säuglingen verursacht werde ... »*Nestlé* muss ihre Werbepraktiken ändern, wenn sie sich in Zukunft den Vorwurf unethischen und unmoralischen Verhaltens ersparen will.«

Zum damaligen Zeitpunkt hatten wir uns weitgehend darauf beschränkt, die Pulvermilch zu geißeln; der Skandal um dieses Nahrungsmittel ist im Übrigen, wie wir in Kapitel 7 sehen werden, noch immer nicht beendet. Unser Augenmerk richtete sich vor allem auf die Ernährungsproblematik und die einem der weltweit führenden Unternehmen im Nahrungsmittelsektor zur Verfügung stehenden Möglichkeiten, Mütter aus armen Verhältnissen, die oft des Lesens nicht mächtig sind, zur Aufgabe des Stillens zu bewegen, um enorme Gewinne zu machen. Wir beobachteten, wie plump *Nestlé* in ihrer Öffentlichkeitsarbeit vorging. Unsere Recherchen beschränkten sich jedoch weitgehend auf dieses eine Thema.

Mit umso größerer Befriedigung habe ich daher zur Kenntnis genommen, dass Attac Vaud sich nun daran gemacht hat, weniger bekannte Seiten dieses transnationalen Konzernriesen zu beleuchten und viele Aspekte zu untersuchen, die wir damals vernachlässigt oder verkannt hatten. Zu Recht, denn *Nestlé* ist nicht nur einer der weltweit umsatzstärksten und gewinnträchtigsten transnationalen Konzerne, sondern sozusagen das Paradebeispiel eines Unternehmens, das seine Geschäftstätigkeit in zahlreiche sensible Bereiche ausgedehnt hat. Vieles davon wird auf den folgenden Seiten untersucht.

Zu erwähnen wäre nur noch, dass *Nestlé* in den vergangenen dreißig Jahren beachtliche Fortschritte in Sachen Öffentlichkeitsarbeit gemacht hat. Helmut O. Maucher gelang es in seiner Funktion als Präsident des Verwaltungsrats sogar, UN-Generalsekretär Kofi Annan davon zu überzeugen, die Vereinten Nationen bräuchten eine institutionalisierte Partnerschaft mit transnationalen Unternehmen. Annan, der von manchen aus diesem Anlass respektlos als NesKofi bezeichnet wurde, kündigte 1999 in Davos mit der Realisierung des Global Compact schließlich genau jene Art von Organisation an, wie sie Maucher vorschwebte. Um am Global Compact teilnehmen zu können, muss ein transnationaler Konzern lediglich eine Charta mit neun Grundsätzen unterzeichnen. Das verleiht ihm dann das Recht, sich mit der blauen Fahne der Vereinten Nationen zu schmücken, wohl wissend, dass von der UNO keinerlei Kontrolle droht, da diese nach eigener Aussage dazu gar nicht in der Lage wäre. *Nestlé* nimmt am Global Compact selbstverständlich teil, obwohl das Unternehmen nach wie vor im Kreuzfeuer der Kritik der Weltgesundheitsorganisation (WHO), einer Sonderorganisation derselben Vereinten Nationen, steht.

Ich wünsche dem Buch von Attac Vaud, dass es insbesondere in der Schweiz möglichst große Verbreitung findet und in andere Sprachen übersetzt wird, vor allem aber, dass ihm Taten folgen. Ich möchte nicht, dass eine weitere Gruppe oder Vorwortschreiberin im Jahr 2035 gezwungen sein wird, sich noch einmal denselben Themen und Argumenten zu widmen, und *Nestlé* noch immer weltweit sein Unwesen treiben kann. Einen herzlichen Dank an Attac Vaud, das heiße Thema erneut aufgegriffen zu haben. Möge es ringsum den Widerstand entfachen.

Susan George ist Politikwissenschaftlerin, Präsidentin des Observatoire de la mondialisation in Paris und Vizepräsidentin von Attac Frankreich. Autorin zahlreicher globalisierungskritischer Bücher, zuletzt *Un autre monde est possible si ...*, Fayard, Paris 2004 (das Buch erschien gleichzeitig auch in englischer und spanischer Sprache).

Einleitung

Heute ist die Gewalt, die von der neoliberalen Globalisierung ausgeht, so offensichtlich, dass selbst die »Herrscher der Welt«[1] an ihren verschiedenen Treffen[2] davon sprechen, die Welt menschlicher gestalten zu wollen. An ihrem tatsächlichen Verhalten wird allerdings erkennbar, dass es ihnen um die Globalisierung des Geldes, des Profits, um die Globalisierung der Interessen einiger weniger auf Kosten der Rechte der Mehrheit geht. Das einzige »Recht«, das sie anerkennen, ist das Recht der Unternehmen, ihre Profite unabhängig von den dafür zu bezahlenden menschlichen Kosten ins Unermessliche zu steigern. Während eine Minderheit ungeahnte Vermögen anhäuft, wird für die meisten von uns der Preis, den wir für die Globalisierung zu zahlen haben, immer unerträglicher.

Die Minderheit der Globalisierungsgewinner setzt sich vor allem aus Führungskräften und AktionärInnen multinationaler Konzerne zusammen, die ihrerseits, vermittelt über die bedeutenden internationalen Finanzinstitutionen, zu den treibenden Kräften der neuen Weltordnung geworden sind. Dazu ein paar aus einer endlosen Liste[3] zufällig ausgewählte Zahlen, die dies veranschaulichen:

- Die 84 reichsten Personen auf dieser Erde besitzen ein Vermögen, das über dem Bruttoinlandsprodukt Chinas, eines Landes mit 1,3 Milliarden EinwohnerInnen, liegt.
- Michael Eisner, Generaldirektor von *Disney*, verdiente 1998 576,6 Millionen US-Dollar oder 25 070 Mal das Durchschnittseinkommen seiner Beschäftigten.

- Das Vermögen eines einzigen Bürgers der Vereinigten Staaten, Bill Gates, überstieg 1999 das Vermögen von 45 Prozent der US-Haushalte.
- Die kaufkräftigsten 5 Prozent der Haushalte in den Vereinigten Staaten verfügen über nahezu 50 Prozent des Nationaleinkommens und die reichsten 1 Prozent über 70 Prozent des gesamten Reichtums, der in diesem Land seit Mitte der 1970er-Jahre erzeugt wurde.
- Das Pro-Kopf-Einkommen von 80 Ländern der Welt ist in den letzten zehn Jahren gesunken. Gleichzeitig lebt die Hälfte der Weltbevölkerung – drei Milliarden Menschen – mit weniger als zwei Dollar pro Tag, 1,3 Milliarden sogar mit weniger als einem Dollar pro Tag.

Natürlich bilden die Multis keinen homogenen Block, sondern verfolgen zeitweise sogar gegensätzliche Interessen. Obwohl sie in ihrem Herkunftsland meist nur noch den Verwaltungssitz haben, während die Fabriken in Länder mit billigen Arbeitskräften ausgelagert wurden und das Kapital in Steuerparadiesen angelegt ist, wahren sie dennoch häufig eine »nationale« Zugehörigkeit. So kann es vorkommen, dass ihre Interessen in den Ländern, in denen sich ihr Konzernsitz befindet, wie *nationale* Interessen verteidigt und ihnen erhebliche Steuervergünstigungen eingeräumt werden. Die Finanztransaktionen und Standortverlagerungen erfolgen in den allermeisten Fällen völlig undurchsichtig, weshalb es im Sinn einer demokratischeren Kontrolle dieser Unternehmen zu den vordringlichsten Aufgaben gehört, die Informationslage zu verbessern. Wie wir im vorliegenden Buch sehen werden, legen die Multis großen Wert auf ihr Image und lassen sich durch Berichte über ihre Machenschaften manchmal relativ rasch zu Reaktionen bewegen.

Attac trägt seit seiner Gründung dazu bei, über die neoliberale Globalisierung, die treibenden Kräfte – die Mitglieder der internationalen Finanzinstitutionen Weltbank, Internationaler Währungsfonds (IWF) und Welthandelsorganisation (WTO) – sowie die wichtigsten NutznießerInnen[4] zu informieren. Demselben Anspruch fühlt sich auch die Arbeitsgruppe Globalisierung und Multis verpflichtet, die von der Waadtländer Attac-Sektion (Attac Vaud) ins Leben gerufen wurde. Die AutorInnen der hier versammelten Beiträge sind – mit Ausnahme von Stephan Suhner, auf dessen Arbeit sich der Text über Kolumbien im Wesentlichen stützt – Mitglieder dieser Arbeitsgruppe. Dass unsere Wahl auf den *Nestlé*-Konzern fiel, dessen Firmensitz in Vevey am Genfersee liegt, verdankt sich im Wesentlichen zweierlei: Erstens ist *Nestlé* – heute de facto der führende Konzern im Nahrungsmittelsektor – das Paradebeispiel eines mit seinen Finanzinteressen weltweit vertretenen transnationalen Unternehmens, dessen Aktivitäten sowohl im Hinblick auf Arbeitsbedingungen als auch in der Handelspolitik Anlass zu Konflikten gaben. Zweitens sind die Informationen über dieses allgegenwärtige Unternehmen einer breiten Öffentlichkeit in der Schweiz relativ wenig bekannt; hier wird die Wahrnehmung von dem Image geprägt, das sich der Konzern selbst gibt und das natürlich ausgesprochen vorteilhaft ausfällt.

Wir haben also begonnen, Unterlagen über einige der Geschäfte zusammenzutragen, in die *Nestlé* verwickelt ist, und uns dabei strikt an öffentlich zugängliche Informationen gehalten. Natürlich war es notwendig, lokale (schweizerische, aber auch französische und kolumbianische) Publikationen und Spezialberichte über die uns interessierenden Bereiche zu lesen.[5]

Wir haben uns dafür entschieden, einige bezeichnende Beispiele der weltweiten Machenschaften von *Nestlé* aufzuzeigen. Sie zeugen davon, wie wenig sich dieser Multi um Umweltschutz, das Grundrecht der ArbeitnehmerInnen auf gewerkschaftliche Organisierung, korrekte Arbeitsbedingungen und angemessene Löhne oder die Meinungsfreiheit schert, und zeigen einmal mehr, dass letztlich nur der Profit zählt. Das Buch erhebt keinerlei Anspruch auf Vollständigkeit. Es ist vielmehr ein Versuch, einen Teil der verfügbaren Informationen über dieses schweizerische Unternehmen zusammenzutragen. Viele Aspekte mussten unberücksichtigt bleiben, wie beispielsweise eines der wichtigsten Tätigkeitsfelder von *Nestlé*, die Schokolade. Den Anfang macht ein kurzer Überblick über das »*Nestlé*-Imperium« in Form einer knappen Zusammenfassung der Unternehmensgeschichte, gefolgt von einigen aktuellen Zahlen über die Geschäftsergebnisse und einem Kurzporträt der wichtigsten Führungskräfte des Multis sowie dessen Strategien. Danach folgt eine kurze Darstellung der wichtigsten Konflikte, in die *Nestlé* verwickelt war und die zum Teil noch immer andauern. Unter den Ländern mit *Nestlé*-Niederlassungen oder Tochterunternehmen gibt es praktisch keines, in dem es nicht zu einer Konfrontation zwischen Geschäftsführung und ArbeiterInnen gekommen wäre; gelöst wurden diese Konflikte zumeist nicht, vielmehr wurden sie von den Geschäftsführungen sozusagen im Handstreich beendet. Auf den Fall Kolumbien werden wir näher eingehen.

Das nächste Kapitel ist der Untersuchung des Kaffees gewidmet, eines Produktes, das für viele Länder des Südens eine wichtige Einkommensquelle darstellt. Der Kaffeemarkt hat eine Phase überstürzter Liberalisierung hinter sich, von der in der langen Kette, die sich von der Produktion bis zum Konsum zieht, ganz bestimmte Akteure profitiert haben. Dabei wird deutlich, dass auch wir als KonsumentInnen über eine gewisse Macht verfügen, das Verhalten der Großkonzerne zu steuern, da wir Einfluss auf das nehmen können, was für sie am meisten zählt: die kontinuierliche Steigerung ihrer Gewinne.

Der momentan von allen Seiten heiß umkämpfte Wassermarkt spielt in der Handelspolitik von *Nestlé* eine ausgesprochen wichtige Rolle. Dieser Frage ist daher das nächste Kapitel gewidmet. Den Multis ist es gelungen, sich nahezu alle bestehenden Rohstoffe unter den Nagel zu reißen. Nun machen sie sich mit Hilfe internationaler Finanzinstitutionen über das Wasser her, die Grundlage jeden Lebens. Der Zugang zu Wasser ist ein Grundrecht jedes Menschen; dennoch schreitet die Privatisierung des Wassers weltweit scheinbar unaufhaltsam voran.

Als Nächstes greifen wir das Thema der gentechnisch veränderten Organismen (GVO) auf. In der Frage der Gentechnik wird deutlich, wie weit insbesondere in Entwicklungsländern, wo auf die vermeintliche Unwissenheit der KonsumentInnen und eine laschere Gesetzgebung gesetzt wird, die beschwichtigenden Worte der Multis und ihre Handlungen auseinander klaffen können.

Den Schluss bildet der zu trauriger Berühmtheit gelangte Fall der Babymilch. Daran wird deutlich, wie wichtig es ist, aufmerksam zu bleiben, denn trotz zahlreicher Boykottkampagnen und Ordnungsrufe seitens großer internationaler Institutionen wie der Unicef ist die Zahl der Säuglinge, die jährlich im Zusammenhang mit dem Konsum von Säuglingsnahrung sterben, offenbar noch immer gleich hoch.

Dieser Überblick mag deprimierend wirken, gäbe es nicht zu jedem Kapitel, in jedem Land, zu jeder »Affäre« Widerstand und würden sich nicht alternative Bewegungen organisieren. Es ist möglich, anders zu konsumieren, wie es auch möglich ist, anders zu arbeiten und anders zu reagieren. Reines Gewinnstreben befriedigt uns nicht. Die Erde ist reich genug, damit alle satt werden können.[6]

In der Schlussfolgerung zeigen wir, dass es vielfältige Aktionsmöglichkeiten gibt und dass es mit jedem Tag mehr Menschen werden, die sich für eine andere Welt einsetzen.

Die AutorInnen

Sandra Bott, Ounsi El Daïf, Olivier Goy, Sara Meylan, Nora Natchkova, Isabelle Paccaud, Janick Marina Schaufelbuehl, Béatrice Schmid, Stephan Suhner (Arbeitsgruppe Schweiz-Kolumbien)

Im Herbst 2005 wird in der Schweiz eine öffentliche Anhörung zu den Vorfällen bei *Nestlé* in Kolumbien stattfinden, begleitet von einem internationalen Forum, an welchem die von *Nestlé* verursachten Probleme und Konflikte in anderen Bereichen (z.B. Wasser, Kindernahrung) und in anderen Ländern behandelt werden. Diese Veranstaltungen werden getragen von einer breiten Koalition aus sozialen Bewegungen, NGOs und Gewerkschaften.

1 Das Nestlé-Imperium: Die Eckdaten

»Die Welt ist unser Markt.«[1]

Helmut O. Maucher, ehemaliger *Nestlé*-Chef

Nestlé ist bekanntlich einer der bedeutendsten schweizerischen Konzerne. Und *Nestlé* ist – abgesehen vom Banken- und Versicherungssektor – das größte Unternehmen mit Sitz in der Schweiz. Doch die Bedeutung des Unternehmens beschränkt sich bei weitem nicht nur auf die Schweiz. Als Marktführer bei Mineralwasser, Kaffee, Eiscrème und Schokolade ist *Nestlé* heute weltweit die Nummer eins im Nahrungsmittelsektor.[2] Auch wenn die Priorität des Multis klar auf Nahrungsmitteln liegt, hat er seine Interessen auf weitere Bereiche ausgedehnt, wie Kosmetika – die Beteiligung an *L'Oréal* wurde 2004 auf 26,4 Prozent erhöht –, Pharmazeutika – im Bereich der Augenheilkunde ist *Nestlé* führend – und nicht zuletzt auf Heimtiernahrung, wo der Konzern ebenfalls führend ist. *Nestlé*-Produkte wurden 2003 in 511 Fabriken in über 86 Ländern hergestellt und weltweit verkauft. Seit vielen Jahren liegt der Schweizer Nahrungsmittelriese im globalen Spitzenfeld der Großkonzerne. 2003 belegte er mit einem Umsatz von 87,9 Milliarden CHF (56,4 Milliarden EUR) im Ranking der 500 wichtigsten europäischen Unternehmen den dreizehnten Platz. Am Gewinn gemessen, belegte *Nestlé* 2003 europaweit mit 6,2 Milliarden CHF (etwa 4 Milliarden EUR) den fünfzehnten Rang. 2004 konnte der Konzern bei leicht rückläufigem Umsatz den Gewinn nochmals um 8,1 Prozent steigern. Die Genfer Tageszeitung *Le Temps* schreibt treffend: »*Nestlé* ist alles andere als ein Riese auf tönernen Füßen.«[3]

Ohne Anspruch auf Vollständigkeit zu erheben, seien in diesem Kapitel einige der Faktoren genannt, auf die sich die Macht dieses Riesen gründet.

Die Anfänge[4]

Das folgende Kapitel erhebt nicht den Anspruch, die Firmengeschichte von *Nestlé* im Detail nachzuzeichnen. Vielmehr wollen wir einige der entscheidenden Entwicklungsschritte nachzeichnen, dank deren die Milchpulverfirma am Genfersee zum Global Player geworden ist.

Wie die meisten anderen heute in ihrem Sektor führenden Großkonzerne gründete auch *Nestlé* ab Ende des 19. Jahrhunderts Auslandsvertretungen.

Als die Firma 1867 von Henri Nestlé gegründet wurde, handelte es sich weitgehend um einen Familienbetrieb in Vevey. In der Folge konnten Produktion und Verkauf von Milchpulver ausgebaut werden, dies nicht zuletzt dank der erfolgreichen Bemühungen des Firmenbesitzers, diesem Lebensmittel durch Empfehlungen bekannter Ärzte und Wissenschaftler und Direktvertrieb über Apotheken einen medizinischen Anstrich zu verleihen. Weitere Niederlassungen wurden gegründet, auch wenn sich diese vorerst nur auf die Schweiz beschränkten. Schon bald expandierte die Firma jedoch weltweit. 1874 fanden *Nestlé*-Produkte in 18 Ländern auf allen fünf Kontinenten Absatz.

Gefestigt wurde das *Nestlé*-»Imperium«[5] durch den Verkauf an drei familiär miteinander verbundene Persönlichkeiten aus Vevey, darunter der Syndic (Bürgermeister) von

Vevey, Jules Monneret. Auch nach 1905, als sich *Nestlé* mit dem bedeutenden, auf Kondensmilch spezialisierten Konkurrenzunternehmen *Anglo-Swiss Condensed Milk Company* zusammenschloss, blieb die Unternehmensleitung in Händen der drei Besitzerfamilien. Die unter anderem auf Druck aus Bankenkreisen erfolgte Fusion trug maßgeblich zur Festigung des Unternehmens bei. Das im Besitz der beiden nunmehr zusammengeschlossenen Unternehmen befindliche Kapital machte *Nestlé* zu einem der führenden Industriebetriebe für Konservenmilch, der weltweit mit zahlreichen Niederlassungen vertreten war und die wichtigsten Märkte und damit auch den Verkaufspreis kontrollierte. Die Gewinne wurden in den weiteren Ausbau der Produktion investiert.

Bereits zu Beginn des 20. Jahrhunderts bediente sich *Nestlé* vielfältiger Strategien, um parallel zur eigenen Expansion die Konkurrenz zu behindern:

1. *Nestlé* traf Absprachen mit anderen Unternehmen, um sich höhere Marktanteile zu sichern; beispielsweise bis 1907 und ab 1912 mit dem amerikanischen Unternehmen Borden betreffend die Gebiete in den Vereinigten Staaten, Lateinamerika und Europa.
2. *Nestlé* betrieb Preisdumping, um Konkurrenzbetriebe vom Markt zu verdrängen, beispielsweise in den 1910er-Jahren mit dem Bau einer Fabrik in Rotterdam, die exklusiv für Überseemärkte Milchnebenprodukte erzeugte.
3. *Nestlé* kaufte unter anderem infolge steigender Zolltarife Fabriken anderer Unternehmen auf, um in schwer zugänglichen Ländern präsent zu sein.
4. *Nestlé* baute ein eigenes Verteilnetz und eigene Warenlager auf, was nicht nur der Kosteneinsparung diente,

sondern auch eine bessere Kontrolle über die Märkte erlaubte, da die Nachfrage vor Ort angekurbelt werden konnte.

5. Anfang des 20. Jahrhunderts legte *Nestlé* zudem die Grundlagen für Zulieferbetriebe, beispielsweise mit von *Peter, Cailler, Kohler, Schweizer Schokoladen A.-G.* erzeugter Schokolade. Dank eigener Verteilmöglichkeiten wurde diese Schokolade im Ausland unter dem Markennamen *Nestlé* vertrieben. Damit konnte der Konzern den eigenen Firmennamen auf einem aufstrebenden Markt durchsetzen, ohne unmittelbar in den Produktionsapparat investieren zu müssen, und neue Absatzmärkte für seine übrigen Waren erschließen. In der Folge wurde diese Strategie tendenziell abgelöst durch völlige Übernahmen der Zulieferbetriebe: 1929 erfolgte die vollständige Übernahme der Schokoladenfabrik *Peter, Cailler, Kohler* durch *Nestlé*.

Der *Nestlé*-Verwaltungsrat (VR) setzte sich von Anfang an aus Familienmitgliedern zusammen, die in das Unternehmen investierten, und einigen weiteren Familien, die ähnliche Posten in anderen Großunternehmen oder -banken bekleideten.

Erwähnt sei beispielsweise Wilhelm-Caspar Escher-Abegg, seit Ende des 19. Jahrhunderts Direktor des Verwaltungsrats von *Sulzer*, einem damals führenden Unternehmen der Maschinenindustrie. Bis Mitte des 20. Jahrhunderts besaß die Familie Abegg auch bedeutende Anteile an *Maggi*, was 1947 zweifellos den Weg für den Verkauf von *Maggi* an *Nestlé* ebnete.

Auch Politiker sind im *Nestlé*-Verwaltungsrat auffällig

vertreten. Wie bereits erwähnt, war 1875 der Syndic von Vevey, Jules Monneret, am Kauf des Multis beteiligt. Der *Nestlé*-Vizepräsident zwischen 1905 und 1914, Hans Sträuli, vertrat zwischen 1911 und 1934 die Freisinnigen im Nationalrat. Mehrere Verwaltungsratsmitglieder wie Hippolyt Saurer (Chef und Mitbesitzer des *Fahrzeug- und Maschinenbauunternehmens AG Adolph Saurer* in Arbon) und Auguste Roussy, Mitglied der Generaldirektion, beteiligten sich im Rahmen der Beratenden Kommission des Schweizerischen Amtes für auswärtige Transporte und waren auch an der konzeptionellen Planung der schweizerischen Kriegswirtschaft während des Ersten Weltkrieges beteiligt. Die Interessen des Unternehmens waren damit auch auf politischem Terrain gut vertreten.

1914 besaßen 16 der 105 Aktionäre drei Fünftel des Gesellschaftskapitals. Dieselben Familien saßen in den Führungsetagen nicht nur dieses, sondern auch anderer bedeutender Unternehmen der Finanzwelt wie der Industrie.

All dies erfahren wir nicht aus den beschönigenden Selbstdarstellungen von *Nestlé*[6]. Die Produktion dieses Multis war stets aufs Engste verwoben mit Finanzinteressen. Und im Interesse eines erhöhten Kapitalwachstums, das Hand in Hand mit der Maximierung der Gewinne geht, war politische Unterstützung höchst willkommen. Wie wir im Weiteren sehen werden, finden dieselben Strategien noch heute Anwendung.

Nestlé und die WTO: Ein einträgliches Geschäft (1995–...)

Mit der beschleunigten Firmenkonzentration und der internationalen Expansion findet sich *Nestlé* Anfang der

1980er-Jahre im exklusiven Club der führenden Nahrungsmittelmultis.[7] Doch die Unterzeichnung des Abkommens von Marrakesch und die Gründung der Welthandelsorganisation (WTO) am 1. Januar 1995 – das Datum markiert die Ausdehnung der bisher auf die Industrie beschränkten internationalen Verträge zur Handelsliberalisierung auf landwirtschaftliche Produkte – ermöglicht *Nestlé* einen rasanten Aufschwung.[8] Verkäufe, Umsätze und Nettogewinne erfahren einen konstanten Zuwachs. Die weltweit voranschreitende Liberalisierung ist für den Schweizer Multi überaus lohnend. Zwischen 1992 und 2001 steigen die Profite um das 2,5-Fache. Noch aussagekräftiger ist das Wachstum des Nettogewinns, der sich zwischen 1981 und 1996 vervierfacht!

1996 beträgt der Nettogewinn der Gruppe 3,4 Milliarden CHF, eine Steigerung von 17 Prozent gegenüber dem Vorjahr.[9] 1997 beträgt der Nettogewinn 4 Milliarden CHF und liegt damit nahezu 18 Prozent über dem Vorjahrsergebnis. Der Umsatz steigt um ca. 15,7 Prozent auf rund 70 Milliarden CHF[10], und dieses Ergebnis konsolidiert sich 1998.[11] Doch damit sind die fetten Jahre noch nicht vorbei, wie die nachfolgende Tabelle zeigt. Sie vermittelt ein Bild der Umsatzsteigerungen, die *Nestlé* zwischen 1998 und 2003 erzielt, sowie des Brutto- und Nettogewinns. Diese Erfolge hindern das Unternehmen in keiner Weise daran, Umstrukturierungen vorzunehmen oder Betriebe stillzulegen. So schließt *Nestlé* beispielsweise 1999, einem ausgesprochen erfolgreichen Geschäftsjahr, weltweit die Tore von 54 Niederlassungen und damit zehn Prozent aller Betriebe.[12]

Umsatz, EBITA[13], Reingewinne (1998–2004)[14] in Millionen CHF nominal

	Umsatz	EBITA-Gewinn	EBITA-Marge	Reingewinn
1998	71 747	7 606	10,6 %	4205
1999	74 660	8 700	11,7 %	4724
2000	81 422	9 911	12,2 %	5763
2001	84 698	9 987	11,8 %	6681
2002	89 160	10 940	12,3 %	7564
2003	87 979	11 006	12,5 %	6213
2004	86 769	10 970	12,6 %	6717

Triumphierend gibt die Geschäftsführung 2002 bekannt, dass die Profite von *Nestlé* gegenüber dem Vorjahr um mehr als 13 Prozent auf 7,5 Milliarden CHF gestiegen sind. Und Anfang 2004 beurteilt Peter Brabeck-Letmathe, Vizepräsident und Delegierter des Verwaltungsrats, 2003 als »ein gutes Jahr« für den Multi, der einmal mehr »eine starke Leistung«[15] erbracht habe.

Diese starke Leistung hinderte Wolfgang Reichenberger, Generaldirektor Finanzen, allerdings nicht daran, anzukündigen, *Nestlé* plane bis 2006 Kostenreduktionen um 6 Milliarden CHF (rund 4 Milliarden EUR), um weitere Gewinnsteigerungen zu ermöglichen.[16] 2004 scheint diese Strategie bereits Früchte zu tragen: Der Konzern verzeichnete bei einem Umsatzrückgang um 1,4 Prozent eine Steigerung des Reingewinns um 8,1 Prozent (vgl. Tabelle oben).

Fantastische Einkommen und lohnende Beziehungen

Den mit Abstand größten Profit aus den Gewinnen des Multis ziehen dessen Führungskräfte und HauptaktionärInnen. Während die Identität der Mitglieder von Geschäftsleitung und Verwaltungsrat bekannt ist, muss das Unternehmen nach schweizerischem Gesetz im Gegensatz etwa zur amerikanischen Gesetzgebung die Namen der AktionärInnen nicht bekannt geben. Und *Nestlé* ist in dieser Angelegenheit um höchste Diskretion bemüht. Trotzdem sei hier, soweit möglich, versucht, Auskunft über die Männer und wenigen Frauen zu geben, die bei *Nestlé* das Sagen haben. Es folgen Kurzporträts der Führungskräfte des Unternehmens und Schätzungen zu ihrem Einkommen. Danach wird versucht, die weit über die Schweiz hinausreichenden Verflechtungen mit anderen Großkonzernen, Wirtschaft, Politik und Wissenschaft zu beleuchten.

Verwaltungsrat von *Nestlé* zu sein, ist äußerst lukrativ.[17] 2003 erhielten die Mitglieder des Verwaltungsrates laut konsolidierter Konzernrechnung der *Nestlé*-Gruppe[18] eine jährliche Vergütung von je 262 500 CHF, die Mitglieder des Verwaltungsratsausschusses zusätzlich je 200 000 CHF. Alle erhielten zudem eine jährliche Kostenvergütung von 15 000 CHF. Zudem erhielten die Verwaltungsräte in den letzten Jahren »Geschenke« in Form von Aktienpaketen im Wert von 1,5 bis 2,5 Millionen CHF.[19]

Die Mitglieder des Verwaltungsrates von *Nestlé* sitzen auch in Verwaltungsräten anderer Konzerne oder Großbanken. Zudem machen die genannten Vergütungen nur einen Teil ihres Einkommens aus. Der *Nestlé*-Verwaltungsrat, in dem die SchweizerInnen deutlich die Mehrheit stellen, ist ein ausgezeichnetes Beispiel von nationaler wie internationaler Konzentration in Industrie und Bankensektor. Viele der elf Verwaltungsratsmitglieder von *Nestlé* sitzen auch in den Verwaltungsräten von *L'Oréal* oder *Credit Suisse*. Enge Verflechtungen gibt es auch zu den verschiedenen Organisationen, in denen die europäische und die weltweite Handels- und Finanzpolitik konzipiert wird.

Der oberste Chef von *Nestlé* ist Peter Brabeck-Letmathe, Vizepräsident und Delegierter des Verwaltungsrats (ab der GV vom 14. April 2005 wird er – wie schon sein berühmter Vorgänger Helmut O. Maucher – Präsident und Delegierter des Verwaltungsrats in einer Person sein).[20] Das Wirtschaftsmagazin *Bilan* bezeichnete ihn 2003 als den drittmächtigsten Mann der Schweiz. Laut *Bilan* genießt Peter Brabeck »enorme Macht. Allerdings ist er vermutlich im Ausland mächtiger als in der Schweiz, wo er sich, abgesehen von einigen renommierten Verwaltungsratssitzen, lieber diskret zurückhält.«[21] Der 1944 in Österreich geborene Brabeck begründete seine Karriere bei *Nestlé* vor allem in Lateinamerika – namentlich in Chile in den ersten Jahren der Diktatur von General Pinochet.[22] 1987 wird er nach Vevey berufen, wo er 1992 Mitglied der Konzernleitung wird. 1997 löst er Helmut Maucher an der Konzernspitze ab. Im Jahr 2003 beläuft sich sein Gehalt bei *Nestlé* nach Angaben von *Bilan* auf die stolze Summe von rund 8 Millionen CHF in bar, also fast 22 000 CHF pro Tag. Das ist zwar verglichen mit den 19,5 Millionen von Novartis-Chef Daniel Vasella geradezu bescheiden. Dafür hat Brabek denn auch in diesem Jahr wie in den Vorjahren noch ein schönes Aktienpaket erhalten; 2003 waren es 8747 Aktien im Wert von 2,7 Millionen CHF sowie 50 000 Optionen.[23] Vor allem aber muss nochmals darauf hingewiesen werden, dass es sich nur um einen Teil seines Gehalts handelt, da die enormen Einkommen aus Verwaltungsratssitzen in einigen anderen »renommierten Verwaltungsräten« noch nicht berücksichtigt sind. Brabeck ist seit 1999 Vizepräsident des Verwaltungsrats von *Credit Suisse* und Mitglied des Verwaltungsrats von *L'Oréal* sowie der mächtigen *Roche Holding*. Abgesehen davon, dass der Einsitz in anderen Unternehmen Brabecks Einkommen zusätzlich alimentiert, bedeuten diese Verflechtungen, wie wir in der kurzen *Nestlé*-Geschichte gesehen haben, ein wichtiges Faustpfand, wenn es darum geht, andere Unternehmen zu erwerben.

Von großer Bedeutung ist auch Brabecks Beteiligung an verschiedenen Pressure Groups. Unter anderem ist er Mitglied des European Round Table of Industrialists (ERT). Nach Angaben von Corporate Europe Observatory (CEO)[24] ist diese von den Bossen von *Fiat, Philipps* und *Volvo* in den 1980er-Jahren gegründete Institution eine mächtige Lobby europäischer Industrieller, die einen enormen Einfluss auf die europäische Integration ausgeübt haben und den alten Kontinent insbesondere auf Öffnung seiner Märkte drängten und weiterhin drängen, um besser mit den amerikanischen und japanischen Unternehmen konkurrieren zu können. Der europäische Binnenmarkt ist – wie auch weitere Kernpunkte des Maastricht-Vertrages von 1992 – zu einem guten Teil an diesem Round Table entworfen und aufgrund der Lobbyarbeit seiner Teilnehmer auch durchgesetzt worden.[25] Die Europäische Union bietet demnach eine gute Grundlage, auf der europäische Konzerne ihre Profite steigern können, beispielsweise durch Aushöhlung nationaler Arbeitsgesetzgebungen.

Ein anderes Ziel des ERT, auf das Corporate Europe Observatory in ihrem Buch *Konzern Europa* hinweist, ist der Ausbau der Transportinfrastruktur durch Eröffnung neuer Flughäfen, Hochgeschwindigkeitszugstrecken und den kilometerlangen Bau von Autobahnen. Auf Vorschlag von Industriellenkreisen wurde der Ausbau des Straßennetzes und des Luftraums trotz Widerstand der Umweltbewegung und ohne sonderliche Berücksichtigung des Umweltschutzes in den Maastricht-Vertrag aufgenommen.[26] Nicht zuletzt ist Brabeck auch Mitglied des Rates des Bretton-Woods-Komitees.[27]

Präsident des Verwaltungsrates von *Nestlé* zwischen 2000 und 2005 war der 1932 in der Schweiz geborene Rainer E. Gut. Vor seiner Tätigkeit für den Nahrungsmittelmulti saß er lange Jahre im Verwaltungsrat des *Credit Suisse,* dem er 1971 beigetreten war, bevor er 1982 Präsident wurde; heute ist er Ehrenpräsident der Großbank. Zudem ist er Präsident und Delegierter des Verwaltungsrates von *Uprona,* Kanada, sowie Verwaltungsratsmitglied von *L'Oréal,* der *Péchigny SA,* Frankreich, und der *Sofina SA,* Belgien.

Helmut O. Maucher, zunächst Generaldirektor von *Nestlé,* wurde 1981 Delegierter des Verwaltungsrates und war von 1990 bis 1997 gleichzeitig Präsident und Delegierter des Verwaltungsrates; seit 1997 ist er dessen Ehrenpräsident. Auch er war Mitglied des ERT und bekleidete dort zwischen 1996 und 1999 den Posten des Vorsitzenden.[28] In den letzten Jahren hat Maucher zahlreiche weitere Funktionen in der europäischen Wirtschaft ausgeübt, so bei der *Bayer AG* (Aufsichtsrat), bei der *Deutschen Bahn AG* (Aufsichtsrat), bei der *Henkel KGaA* in Düsseldorf (Mitglied des Gesellschafterausschusses), bei der *Koç Holding A.S.* in Istanbul (Aufsichtsrat) und bei der *Ravensburger AG* (Aufsichtsrat) sowie der *L'Oréal S.A.* (Aufsichtsrat bis 2000, danach von Rainer E. Gut abgelöst). *Nestlé* und *L'Oréal* teilen sich nicht nur die Mitglieder ihrer Verwaltungsräte, sondern auch ihre wirtschaftspolitischen Strategien, was im

Nestlé-Geschäftsbericht auch offen als »Kreuzverflechtungen« deklariert wird.

Weitere Verwaltungsratsmitglieder sind der 1948 in Frankreich geborene Jean-Pierre Meyers, seit 1991 Mitglied des Aufsichtsrats von *Nestlé* und seit 1987 Mitglied des Aufsichtsrats von *L'Oréal,* wo er seit 1994 die Funktion des Vizepräsidenten bekleidet, Nobuyuki Idei, Verwaltungsratsmitglied von *General Motors* in den USA und seit 2001 bei *Nestlé,* sowie der 1960 in der Schweiz geborene André Kudelski, der unter anderem im Verwaltungsrat der *Groupe Edipresse* und im Schweizerischen Beirat der *Credit Suisse Groupe* sitzt.

Bezeichnend ist auch die Präsenz von *Nestlé*-Verwaltungsratsmitgliedern in internationalen Institutionen, in denen die Leitlinien der globalen Politik entworfen werden. Die französische Confédération paysanne (Frankreich)[29] weist in einem Bericht zu Recht darauf hin, dass beispielsweise der 1932 geborene Schweizer Arthur Dunkel, der von 1980 bis 1993 Generaldirektor des GATT (Allgemeinses Zoll- und Handelsabkommen, später in die Welthandelsorganisation WTO übergegangen) war, maßgeblich an der Ausarbeitung des Marrakesch-Abkommens über Landwirtschaft und damit der Liberalisierung der Märkte für landwirtschaftliche Produkte beteiligt war. Seit 1994 sitzt er im Verwaltungsrat von *Nestlé.* Eine Folge des Marrakesch-Abkommens waren sinkende Rohstoffpreise, die den Bauern und Bäuerinnen Einkommensverluste bescherten, während die Multis von günstigeren Einkaufspreisen profitierten. Wie wir gesehen haben, sind die *Nestlé*-Gewinne infolge dieses Abkommens deutlich in die Höhe geschnellt. So kann auch das Mandat von Arthur

Dunkel im *Nestlé*-Verwaltungsrat als »Anerkennung für geleistete Dienste verstanden werden«, wie die Confédération paysanne schreibt.[30] Aber auch an Beziehungen zur Politik mangelt es im Verwaltungsrat des Konzerns nicht, symbolisiert insbesondere durch die 1938 geborene Vreni Spörry. Als ehemalige freisinnige Zürcher National- und Ständerätin, Mitglied der Kommission für Soziale Sicherheit und Gesundheit, der Kommission für Wirtschaft und Abgaben und der Kommission für die Revision der AHV (Alters- und Hinterbliebenenversicherung) war sie nicht nur für *Nestlé* tätig, sondern saß (wie übrigens auch Arthur Dunkel) zudem im Verwaltungsrat des *Credit Suisse*. Nicht zuletzt pflegt *Nestlé* aber auch intensive Beziehungen zur Wissenschaft. Im Verwaltungsrat finden sich zwei bekannte Professoren auf dem Gebiet der Gentechnik und der Biochemie: Lord Simpson (1942 in England geboren), Professor für Industrielehre an der Warwick University (GB) und im Verwaltungsrat mehrerer britischer und amerikanischer Unternehmen, wird 1999 Mitglied des *Nestlé*-Verwaltungsrats. Vernon R. Young, 1937 geboren, amerikanisch-britischer Doppelbürger, seit 1991 Professor für Nahrungsmittelbiochemie und Direktor der *Shriners Burns Hospital* in den Vereinigten Staaten sowie Mitglied verschiedener wissenschaftlicher Vereinigungen wie der National Academy of Sciences (USA) und bisweilen Berater für die Vereinten Nationen, sitzt seit 2002 im *Nestlé*-Verwaltungsrat.

An der Generalversammlung vom 22. April 2004 wurden in Lausanne an die Stelle von Arthur Dunkel, Vreni Spörry und Lord Simpson, deren Mandat auslief, Sir Edward George, Kaspar Villiger, Rolf Hänggi, Daniel Borel (geb. 1950, Schweiz, VR *Bank Julius Bär*) und Carolina Müller-Möhl (geb. 1968 in der Schweiz, Präsidentin des Verwaltungsrats der *Müller-Möhl-Gruppe)* in den Verwaltungsrat gewählt.[31] Der 1941 geborene Kaspar Villiger, ehemaliger freisinniger Schweizer Bundesrat, ist ein entschiedener Verfechter des Bankengeheimnisses und der Sanierung der Bundesfinanzen. Er sitzt zudem in den Verwaltungsräten des Rückversicherers *Swiss Re* und der *Neuen Zürcher Zeitung.* Rolf Hänggi ist Vizepräsident des Verwaltungsrates von *Roche,* der Brite Sir Edward George (geb. 1938) ist ehemaliger Gouverneur der *Bank of England* und unter anderem Mitglied des Verwaltungsrats der *Bank für Internationalen Zahlungsausgleich* mit Sitz in Basel.

Die Mitglieder der Konzernleitung erzielten nach Angaben von *Bilan* 2002 ein Jahreseinkommen von durchschnittlich mehr als 1,9 Millionen CHF bzw. laut *Nestlé* von nahezu 1,8 Millionen CHF. Von Peter Brabeck abgesehen, zeichnen die elf Generaldirektoren für verschiedene Kontinente und Sektoren wie Technik, Produktion, Umwelt oder Rechtswesen, Steuern, Einkauf, Export verantwortlich. 2002 wurden den Mitgliedern der Konzernleitung sowie »diesen nahe stehenden Personen [!]«[32] 10956 Aktien im Wert von über 3,2 Millionen CHF zugeteilt. 2003 erhielt die Konzernleitung laut Angaben von *Nestlé* allein an Gehältern – ohne Erfolgsprämien, Aktien und Optionen –insgesamt 11 Millionen CHF.[33]

2001 hatte *Nestlé* rund 260000 AktionärInnen, die sich über 400 Millionen Aktien teilten.[34] 45,6 Prozent der Aktien befanden sich in schweizerischem, 14,2 Prozent in amerikanischem und 12 Prozent in britischem Besitz. Ein Blick auf die Entwicklung der Aktienkurse und der Dividenden, die den AktionärInnen in den letzten Jahren ausgezahlt wurden, zeigt, dass diese vom Aufschwung *Nestlés* deutlich profitiert haben (vgl. Grafik 1 und 2, Seite 33).

Welchen Einfluss haben sie aber auf die Konzernstrategie? Eine Aktie entspricht einer Stimme. Der Einfluss eines Aktionärs bzw. einer Aktionärin oder einer Aktionärsgruppe auf die Unternehmenspolitik hängt demnach von der Zahl der Aktien im Besitz dieser Person oder Gruppe ab. Um Einfluss auf die Entscheidungen der jährlichen Generalversammlung der Aktionäre zu nehmen, benötigt man nach Ansicht von Corporate Watch im Normalfall Aktien im Wert von rund 300 Millionen CHF! Diese Meinung vertritt auch Patti Rundall, Verantwortliche der Vereinigung Baby Milk Action, die das internationale *Nestlé*-Boykott-Komitee (International Nestlé Boycott Committee) koordiniert.[35] Seit 1992 hat sich Rundall einige *Nestlé*-Aktien beschafft, um an den Generalversammlungen die Strategie des Konzerns, der den Ländern der so genannten Dritten Welt Milchersatzprodukte[36] aufdrängt, anzuprangern und die AktionärInnen auf diesem Weg wachzurütteln. In einem Interview, das sie der Waadtländer Tageszeitung *24heures* im April 2001 gegeben hat, hält sie fest, dass es »sehr schwierig ist, an solchen Versammlungen Zeugnis abzulegen, denn das Einzige, was die TeilnehmerInnen interessiert, ist der Profit«. Weiter meint sie: »Um Einfluss auf *Nestlé* nehmen zu können, müsste man Millionen an Aktien besitzen. Diese Art von Versammlung ist alles andere als demokratisch, es ist eine Farce.«

Was die Identität der wichtigsten AktionärInnen betrifft, ist bei *Nestlé* Schweigen jedoch Gold. Im Geschäftsbericht 2002 heißt es unter der Rubrik »Bedeutende Aktionäre« nur: »Dem Unternehmen sind keine Aktionäre bekannt, die direkt oder indirekt 3 Prozent oder mehr des Aktienkapitals besitzen.«[37] Laut Statuten kann »keine [natürliche oder juristische] Person für die Aktien, die sie direkt oder indirekt besitzt, für mehr als 3 Prozent des Aktienkapitals als Aktionär mit Stimmrecht eingetragen« werden (Art. 6). Angesichts der bisherigen Ausführungen ist jedoch davon auszugehen, dass sich der Großteil der Aktien nicht nur – um diese obskure Formulierung des Konzerns aufzugreifen – in Händen von »nahe stehenden Personen« der Konzernleitung und des Verwaltungsrats befindet, sondern dass es sich bei diesen zudem um ausgesprochen vermögende Personen handelt.

Dafür spricht zum Beispiel die einzige bedeutende Aktionärin, deren Identität bekannt ist. Es handelt sich um Liliane de Bettencourt, Tochter des *L'Oréal*-Gründers und Hauptaktionärin des französischen Unternehmens, das schon seit Jahrzehnten enge Beziehungen zu *Nestlé* unterhält. 2001 führt Liliane de Bettencourt mit einem geschätzten Vermögen von rund 30 Milliarden CHF die Rangliste der reichsten Franzosen und Französinnen an.[38] 1974 erwarb Liliane de Bettencourt 4 Prozent der *Nestlé*-Aktien. Geht man davon aus, dass sie noch immer eine der HauptaktionärInnen des Schweizer Multis ist und 2003 entsprechend den in den Statuten vorgesehenen Regeln nur noch 3 Prozent der *Nestlé*-Aktien besitzen darf, würde Frau Bettencourt rund 12 Millionen Aktien im Wert von über 3,7 Milliarden CHF besitzen, wofür ihr allein 2003 die »bescheidene« Summe von über 86,4 Millionen CHF an Dividenden ausgeschüttet worden wäre, im Jahr 2004 gar 96 Millionen.[39] Kurzum, wer tatsächlich Einfluss auf die Kon-

zernpolitik nehmen will, muss, wie Corporate Watc
Patti Rundall feststellen, schon ziemlich vermögend s

Zusammengefasst lässt sich sagen, dass die Verfl
tung von wirtschaftlichen und politischen Interessen,
schon in der kurzen Unternehmensgeschichte deutl
wurde, beim Aufbau und der Konsolidierung des Konzer
ausgesprochen hilfreich ist. Auf diesem Weg verbesser
sich die Handlungs- und Druckmöglichkeiten der Konzernleitung, aber auch ihre Gewinne.

Die Angaben, auf die sich die folgenden Grafiken stützen, sind der Website von *Nestlé* (www.nestle.com) entnommen.

Grafik 1: Jährlich an Aktionäre ausgezahlte Dividenden in Millionen CHF nominal (1998–2004)

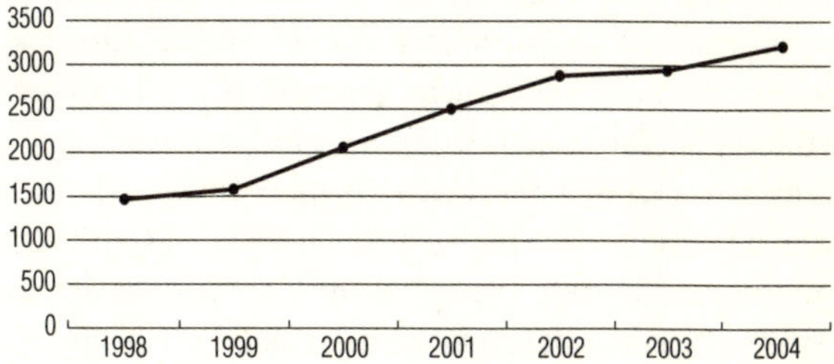

Grafik 2: Aktienkurse in CHF nominal (1992–2004 [April])

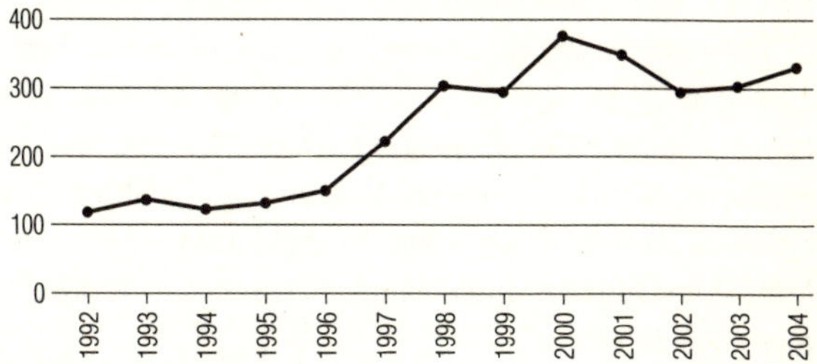

Kon… enz oder Aufteilung des Weltmarkts?

Di… *stlé*-Politik macht sich offenbar bezahlt: Die Gewin-n… gen, die AktionärInnen werden reichlich belohnt, … weitere Märkte werden erschlossen. Ist all dies dem …priesenen Wettbewerb zu verdanken?

…s ist aus verschiedenen Gründen zu bezweifeln. Zum … hat *Nestlé* mit gewissen Konkurrenten Verträge abge-…ssen, um die eigenen Interessen wahren und Absatz-…kte besser aufteilen zu können. Wie wir bereits in der …en Unternehmensgeschichte gesehen haben, stellt die …essive Übernahme anderer Unternehmen nicht immer …geeignetste Strategie dar, um Produktion und Verkäufe …zuweiten.

Im Januar 2001 erklärten *Nestlé* und *Coca-Cola,* die bei-…en Konzerne beabsichtigten, ihre bestehende Zu-sammenarbeit in Form einer Joint Venture Partnership fortzuführen, um sich nicht gegenseitig in die Quere zu kommen.[40] Die beiden Unternehmen gründeten eine gemeinsame Einheit *(Beverage Partners Worldwide, BPW),* um die vorhandenen neuen Absatzmärkte für Getränke gemeinsam zu nutzen. Diese Zusammenarbeit hat sich nach Aussage Nestlés seit 1991 bezahlt gemacht. Die beiden Multis bilden ein in 24 Ländern vor allem bei Tee-Fertiggetränken führendes Erfolgsduo.

Ein weiteres Beispiel eines Joint Venture ist der Vertrag zwischen *Nestlé* und *General Mills,* dem Marktleader bei Frühstücksgetreide *(Kellogg's).*[41] Dank des mit *Beverage Partners Worldwide* vergleichbaren Joint Venture *Cereal Partners Worldwide* konnten die beiden Partner 75 neue Märkte erschließen und stellen 21 Prozent der Verkäufe in diesem Segment.

Solche Zusammenschlüsse sind für die Unternehmen also sehr lohnend, werfen aber die Frage nach dem Umgang mit Monopolen auf. Denn mit diesen Praktiken lässt sich der Konsum steuern. Die Preise gehorchen nicht mehr dem viel zitierten Gesetz von Angebot und Nachfrage, sondern können aufgrund der Marktstärke, also dank fehlender Konkurrenz, festgelegt werden.

Selbstverständlich verfolgt *Nestlé* daneben auch die Strategie, andere Unternehmen aufzukaufen. Einige Beispiele aus der Liste der vom Schweizer Multi getätigten Übernahmen:[42] Auf dem Speiseeismarkt gehören neben der eigenen Marke auch *Gervais, Edys, Motta* und *Mövenpick* zu *Nestlé.* Im Bereich der Schokoladeproduktion seien neben einer Vielzahl anderer Marken *Crunch, Kit Kat, Kion, After Eight, Baci, Smarties, Yes, Nuts, Quality Street, Cailler* genannt. Bei Fertigspeisen gehören *Mousline, Bolino, Buittoni, Maggi,* bei Nahrungsmitteln allgemein *Thomy, Herta, LC1* und *La laitière* dem Konzern. Auch Kinder werden mit *Guigoz* und einer ganzen Palette an *Nestlé*-Produkten, die den Geschmack zukünftiger KonsumentInnen prägen, berücksichtigt. Und schließlich kommen mit den Marken *Friskies, Fido, Gourmet* und anderen auch Tiere in den Genuss von *Nestlé*-Produkten.

Daneben gibt es den für *Nestlé* ausgesprochen lukrativen Mineralwassermarkt, auf dem der Konzern unter anderem die Marken *San Pellegrino, Vittel, Contrex, Perrier* und *Quezaz* besitzt.[43]

Das führt uns zum zweiten Grund, warum Zweifel an den Wohltaten der kapitalistischen Konkurrenz angebracht sind. Obwohl in dieser Art von Geschäftspolitik die Konkurrenz offenbar ihre Wirkung tut, können die KonsumentInnen nicht von günstigeren Preisen profitieren, wenn sich die Mehrheit der Produkte in Händen ein und desselben Unternehmens befinden.

Als weiterer Faktor kommt hinzu, dass das Spiel mit den Marken äußerst undurchsichtig ist. Auf manchen Produkten ist der Name *Nestlé* deutlich angegeben, auf anderen erscheint er gar nicht, wie etwa im Fall der Mineralwassermarke *San Pellegrino.* Die meisten KundInnen werden also nicht über die Konzentration in der Produktion informiert. Der Hintergedanke dabei könnte sein, sich vor einem Boykott der gesamten Lebensmittel von *Nestlé* zu schützen. Dank Diversifizierung der Produktion kann auch Konsumeinbrüchen vorgebeugt werden, die plötzlich infolge von Lebensmittelskandalen auftreten könnten. Ein weiterer Grund könnte sein, dass ein renommierter lokaler Markenname benutzt wird, um den Verkauf zu steigern.

Eine weitere Methode, dank der Gewinne eingefahren werden können, ohne Risiken einzugehen und sich mit Verpflichtungen zu belasten, sind Zulieferverträge.[44] Solche »Abkommen« mit anderen Unternehmen schließt *Nestlé* bereits seit Beginn des 20. Jahrhunderts ab. Damit kann der Nahrungsmittelmulti bestehende Infrastrukturen für die Produktion nutzen, ohne gleichzeitig in eine neue Fabrik investieren zu müssen. Der finanzielle Ertrag ist umso höher. Zudem muss *Nestlé* keine Verantwortung für die Arbeitsbedingungen in den Zulieferbetrieben (die übrigens meistens in Ländern des Südens liegen) übernehmen und fühlt sich in Konfliktfällen nicht betroffen. Zulieferverträge bieten auch steuerliche Vorteile, da sich *Nestlé* je nach geltenden Gesetzen in einem Land einmal als schweizerische, das andere Mal als einheimische Marke ausgibt. Im Übrigen ist es sehr schwierig herauszufinden, mit welchen Betrieben *Nestlé* Zulieferverträge abgeschlossen hat, und die zahlreichen Skandale in Unternehmen, die für *Nestlé* tätig sind, können dem makellosen Image der Schweizer Marke oft nichts anhaben.

Produktion im Süden, Konsum im Norden?

Die uns vorliegenden Zahlen[45] über Produktion und Verkäufe von *Nestlé* umfassen nur die Erzeugnisse aus *Nestlé*-eigenen und übernommenen Fabriken, berücksichtigen aber nicht die Zulieferer, auch wenn diese einen erheblichen Anteil an den Umsätzen haben.

Im Jahr 2002 waren bei *Nestlé* insgesamt 254199 Personen beschäftigt, davon 138830 in der Produktion und 115369 in Verwaltung und Verkauf. Sieht man sich die genaue Aufteilung der Arbeitskräfte nach Kontinenten an, so zeigt sich, dass 40,9 Prozent in Europa, 34,2 Prozent in Amerika und 24,9 Prozent in Asien, Ozeanien und Afrika beschäftigt sind. Der Personalbestand bei *Nestlé* ist zwischen 2001 und 2002 weltweit von 229765 auf 254199 gestiegen, obschon *Nestlé* Betriebe stillgelegt hat. Ein Beispiel dafür ist die *Mövenpick*-Fabrik im schweizerischen Bursins, die Ende Januar 2003 geschlossen wurde, nachdem *Nestlé* von *Mövenpick* den Speiseeisbereich aufgekauft hatte.[46] Nach Angaben von transnationale.org hat *Nestlé* zwischen 2001 und 2002 offiziell 1231 Kündigungen ausgesprochen. Daneben ist zu berücksichtigen, dass oft auch durch Frührenten oder die Nichterneuerung befristeter Arbeitsverträge, wie wir im Kapitel über Kolumbien noch sehen werden, Stellen abgebaut werden. Seit 2003 ist die Zahl der weltweit Beschäftigten rückläufig. Im Jahre 2004 wurden 29 Fabriken verkauft oder geschlossen, 15 wurden erworben oder neu eröffnet und 3 änderten ihren Status.

Der Konzern rühmt sich, die Produktion auf Europa konzentriert zu haben. Allerdings ist inzwischen mehr als die Hälfte der Fabriken in ost- und südeuropäische Länder verlagert worden, in denen die Arbeitsbedingungen insgesamt unternehmerfreundlicher sind. Was Westeuropa betrifft, konzentriert sich die Produktion zudem vor allem auf Italien, Frankreich, Spanien, Portugal und Großbritannien.

Während also mehrheitlich im Osten und Süden produziert wird, liegt der Westen beim Absatz der Waren immer noch mit großem Abstand in Führung. Allerdings liegen die Wachstumsmärkte im Süden. 2003 lag der Umsatz von *Nestlé* in Europa bei 38 Milliarden CHF (+ 6,8 Prozent gegenüber 2002). Auf dem amerikanischen und kanadischen Markt wurden insgesamt 25,5 Milliarden CHF umgesetzt (+ 18,7 Prozent).[47] 2004 stagnierte der Umsatz in Europa, während Nordamerika leicht zulegte. Lateinamerika verzeichnete eine Steigerung von 10,7 Prozent und kam auf einen Umsatz von gut 10 Milliarden CHF. Eine ähnliche Größenordnung weist der asiatische Markt auf, wo China mit einem Plus von 11,5 Prozent der Wachstumschampion war.[48]

Laut Aussagen des Multis werden 70 Prozent des Umsatzes mit Marken wie *Nestlé, Nescafé, Nestea, Maggi, Buitoni* und *Purina* erzielt, davon 40 Prozent allein mit der Marke *Nestlé* selbst.[49] Unter den Produkten liegen die Getränke und Milchprodukte an der Spitze, mit denen 2003 ein Umsatz von jeweils 23,5 bzw. 23,3 Milliarden CHF erzielt wurde, gefolgt von Fertigspeisen (16 Milliarden CHF), Tiernahrung, Schokoladen und anderen Süßwaren (mit jeweils rund 10 Milliarden CHF) und schließlich pharmazeutische Produkte mit einem Umsatz von 5 Milliarden CHF.[50] Auch wenn die letztgenannte Produktegruppe in der Verkaufsbilanz nicht besonders ins Gewicht zu fallen scheint, sieht das für die Profitrate schon ganz anders aus. Berechnet man ihren Gewinnanteil vor Zinsen, Steuern und Goodwill-Abschreibungen (Earnings before Interest, Taxes and Amortisation of Goodwill)[51], das EBITA, im Verhältnis zum Umsatz, erhält man für die Kosmetika eine Umsatzrendite von rund 26,3 Prozent, was nicht zu vernachlässigen ist. Am zweitbesten schneiden die Getränke mit einer Umsatzrendite von 17 Prozent ab, gefolgt von den übrigen Produktegruppen mit einem Anteil von 10 bis 12 Prozent.

Eine weitere Fortsetzung findet das *Nestlé*-Imperium in den Offshore-Finanzzentren von Steuerparadiesen wie den Bahamas oder den Jersey-Inseln. Nach Angaben von transnationale.org besitzt *Nestlé* 21 solcher Finanzzentren[52], mit deren Hilfe sich das Unternehmen einer höheren Besteuerung entziehen kann.

Enorme Profite, traumhafte Einkommen für die Geschäftsleitung, die Interessenverflechtung mit mehreren anderen Großkonzernen, die beeindruckenden Beziehungen zu Politik und Wissenschaft, Absprachen zwischen den »Großen« zur Sicherung ihrer Monopole, die systematische Anheuerung undurchsichtiger Zulieferbetriebe und nicht zuletzt eine ausgedehnte Produktion in Ländern des Südens mit tiefen Lohnkosten für einen Markt, der sich im Wesentlichen auf die Länder des Nordens konzentriert, all diese Faktoren bringen dem Konzern wirtschaftliche, politische und steuerliche Vorteile. *Nestlé* befindet sich voll im Aufschwung – doch welchen Preis zahlt der Rest der Welt dafür?

2 Nestlé als Arbeitgeber: Weltweit im Zwist mit dem Arbeitsrecht

»Nestlé betrachtet ihre Mitarbeiter als ihr wertvollstes Kapital.«

Nestlé-Unternehmensgrundsatz

Als Partner des von den Vereinten Nationen initiierten Global Compact[1] sollte *Nestlé* die in eigenen Produktionsstätten oder Zulieferbetrieben organisierten Gewerkschaften eigentlich fördern oder zumindest respektieren. In den Unternehmensgrundsätzen von *Nestlé* heißt es zudem: »*Nestlé* betrachtet ihre Mitarbeiter als ihr wertvollstes Kapital. Die Einbeziehung der Mitarbeiter auf allen Ebenen beginnt mit einer offenen Kommunikation, unabhängig davon, ob es sich um spezifische geschäftliche Aspekte oder um die Tätigkeit des Unternehmens im Allgemeinen handelt. *Nestlé* ermutigt das Einbringen von Vorschlägen für Veränderungen und Verbesserungen der Geschäftspraktiken des Unternehmens.«[2] Wenn *Nestlé* schon dazu auffordert, »Vorschläge für Veränderungen und Verbesserungen« einzubringen, dann möchten wir das Unternehmen »ermutigen«, über beschwichtigende Erklärungen hinaus deutlich mehr für »offene Kommunikation« zu sorgen.

Denn Transparenz ist nicht gerade die Stärke dieses Multis.[3] *Nestlé* behauptet zwar, die vier Grundsätze des Global Compact der Vereinten Nationen in Bezug auf Arbeitsnormen – die Wahrung der Vereinigungsfreiheit und die wirksame Anerkennung des Rechts zu Kollektivverhandlungen, die Abschaffung jeder Art von Zwangsarbeit, die wirksame Abschaffung der Kinderarbeit und die Beseitigung der Diskriminierung bei Anstellung und Beschäftigung – voll und ganz zu unterstützen. Dennoch hat sich der Schweizer Multi bis 2003 nicht verpflichtet, Übereinkommen der Internationalen Arbeitsorganisation (ILO) zu respektieren, die zu den Kernübereinkommen zählen, darunter Nr. 29 und 105 zu Zwangs- und Pflichtarbeit, Nr. 87 zur Vereinigungsfreiheit und zum Schutz des Vereinigungsrechts, Nr. 100 und 111 zu Gleichheit des Entgelts und Diskriminierung und Nr. 98 zum Recht auf Kollektivverhandlungen. Die Organisation AktionärInnen für nachhaltiges Wirtschaften (Actares) merkt in diesem Zusammenhang an: »*Nestlé* beschränkt sich in diesen Punkten auf die unverbindlichen Empfehlungen des Global Compact. Lücken dieser Art lassen vermuten, dass *Nestlé* sich möglicherweise Sorgen macht, die verbindlichen Artikel der ILO-Konventionen in diesen Punkten nicht zu erfüllen.«[4]

Die Feststellung scheint berechtigt, denn schenkt man den Anschuldigungen Glauben, die weltweit insbesondere von Gewerkschaften gegen *Nestlé* erhoben werden, ist bei diesem Konzern die Missachtung der gewerkschaftlichen Rechte und des Arbeitsrechts keine Seltenheit. Wie steht es also, von der simplen Frage der »offenen Kommunikation« abgesehen, in verschiedenen Ländern mit Nestlés Politik in Sachen Arbeitsrecht? Wie wir zeigen werden, stellt der Arbeitskonflikt in Kolumbien, auf den im nächsten Kapitel ausführlich eingegangen wird, keinen Einzelfall dar. Damit sich die LeserInnen selbst ein Bild davon machen können, seien im Folgenden einige andere Vorfälle der letzten Zeit erwähnt. Zahlreiche Aussagen von Gewerkschaften zu Konflikten in Südamerika und Asien und neuerdings auch in Frankreich bestärken uns im Eindruck, dass das Arbeitsrecht in Betrieben oder bei Zulieferern des Schweizer Multis missachtet wird.

Vom schlechten Umgang mit dem »wertvollsten Kapital« ...

Zum Beispiel Philippinen: Auf den Philippinen entließ *Nestlé* laut Presseerklärung der Gewerkschaft PAMATIK-KMU vom 22. März 2000[5] 67 in der Gewerkschaft Filpro organisierte MitarbeiterInnen der Fabrik Cabuyao. Wie die Gewerkschaft schreibt, zielte die als »Umstrukturierung« präsentierte Maßnahme darauf ab, die Arbeitsbedingungen und Löhne der Fabrik an die Bedingungen in Cagayan de Oro anzupassen, die wesentlich schlechter sind als in der Filiale Cabuyao. Anderen Quellen zufolge[6] lösten am 26. Juni 2002 500 Beamte der nationalen philippinischen Polizei und einer Sondereinheit gemeinsam mit Sicherheitsleuten des Unternehmens *Matrix* »die legitime Demonstration« von 400 ArbeiterInnen von *Nestlé*-Cabuyao auf, die Streikposten vor der Fabrik bezogen hatten. Die Polizisten und Sicherheitsleute hätten, wie es hieß, die ArbeiterInnen mit Knüppeln, Steinen, Tränengas und Wasserwerfern angegriffen, während die ArbeiterInnen versuchten, die Streikposten wieder einzurichten. 14 Streikende seien verletzt worden, und die Polizei habe sogar ArbeiterInnen, die Verletzte zur medizinischen Versorgung brachten, bis in die Klinik verfolgt. Weitere 16 Streikende seien am 3. und 17. Juni desselben Jahres bei vergleichbaren Aktionen verletzt worden. Ebenso wie die *Nestlé*-ArbeiterInnen sei auch die örtliche Einwohnerschaft mit verschiedenen Mitteln eingeschüchtert worden, um sie von einer Unterstützung der Streikenden abzuhalten. Das Fazit des Internationalen Bundes freier Gewerkschaften (IBFG): »Die Geschäftsleitung [von *Nestlé*-Cabuyao] und die lokalen Behörden gehen mit vereinten Kräften gegen Gewerkschaften vor.«

Zum Beispiel Ecuador: In Ecuador hat *Nestlé* laut IBFG[7] am 16. Juni 2001 in Cayambé acht gewerkschaftlich organisierte ArbeiterInnen entlassen, darunter Diego Hidalgo, Generalsekretär der für *Nestlé* zuständigen Gewerkschaft. Als Begründung berief sich das Unternehmen auf notwendige Umstrukturierungen, erwähnte aber auch das »zwanghafte Beharren« der entsprechenden Gewerkschaft auf Mitgliedschaft beim ecuadorianischen Gewerkschaftsbund CEOSL. Im Lauf des Jahres 2000 entließ *Nestlé* laut IBFG systematisch GewerkschafterInnen und blockierte Kollektivvertragsverhandlungen.

Zum Beispiel Thailand: In Thailand gründeten 1998 laut IBFG[8] 13 ArbeiterInnen des *Nestlé*-Zulieferers *Tedaram* eine Gewerkschaft, um kollektiv ihre Rechte zu verteidigen. Damit sah sich der Multi erstmals seit seiner Niederlassung in diesem Land mit organisierten ArbeiterInnen konfrontiert. Da *Nestlé* einen Präzedenzfall vermeiden wollte, drohte der Konzern *Tedaram* mit einer drastischen Verringerung der Einkäufe, sollte die Firma die Verträge von 22 MitarbeiterInnen nicht in befristete Verträge umwandeln und ihren Lohn um die Hälfte kürzen. Unter den 22 betroffenen Personen befanden sich, wie es der Zufall will, die 13 ArbeiterInnen, auf deren Initiative die Gewerkschaft gegründet worden war. Die Geschäftsleitung von *Tedaram* hat den Wünschen des Multis offenbar entsprochen; die 22 Beschäftigten waren laut IBFG gezwungen, zu kündigen, da sie mit den noch zugestandenen niedrigen Löhnen nicht überleben konnten.

Zum Beispiel Südkorea: In Südkorea traten am 7. Juli 2003 460 ArbeiterInnen der *Nestlé*-Niederlassung in Cheongju in Streik, um gegen einseitige, kollektivvertragswidrige Pläne zur Unternehmensumstrukturierung zu protestieren.[9] Anstatt Verhandlungen mit der Gewerkschaft aufzunehmen, übte die Geschäftsleitung Druck auf die ArbeiterInnen aus, um ihre Pläne durchzusetzen. Im August schloss *Nestlé* ihr Büro in Seoul. Die Firma erklärte sich irritiert über die »unbesonnenen« sozialen Aktivitäten des Koreanischen Gewerkschaftsbundes (KCTU).

Eine Sprecherin des Nahrungsmittelmultis erklärte am 3. September 2003 gegenüber der Agence France Presse (AFP) sogar: »Unser Stammhaus hat uns aufgefordert, rechtliche Schritte zur Schließung unseres Unternehmens in Südkorea zu prüfen.« Diese Erklärung wurde zwar sofort wieder dementiert, trug aber zur Anheizung der bereits angespannten Stimmung bei, zumal das Unternehmen in einer Pressemitteilung betonte: »*Nestlé* bleibt bei seinem Grundsatz: ›Ohne Arbeit kein Lohn‹. Der Konzern duldet keinerlei Einmischung der Gewerkschaften in seine Geschäftsführung.« Der Multi habe bereits rechtliche Schritte gegen die GewerkschaftsvertreterInnen eingeleitet. Obwohl *Nestlé* argumentiert, die Löhne des Unternehmens seien überdurchschnittlich hoch, habe die Sprecherin jede Auskunft über die in Südkorea tatsächlich gezahlten Löhne verweigert. Laut Europäischer Föderation der Gewerkschaften des Lebens-, Genussmittel-, Landwirtschafts- und Tourismussektors (EFFAT) erklärte dazu der Europäische Betriebsrat in einer Stellungnahme (EBR): »Ein Unternehmen, das zur Lösung eines legitimen Arbeitskonflikts damit droht, sich zurückzuziehen, verstößt gegen die internationalen ILO-Abkommen.«[10] Nach 145 Tagen Streik gelang es den ArbeiterInnen, das Management an den Verhandlungstisch zu zwingen. Fünf Monate nach Beginn des Arbeitskampfes kam es zu einem Abkommen zwischen der Gewerkschaft und *Nestlé Südkorea*, das eine Lohnerhöhung von 5,5 Prozent und die Bildung einer paritätischen Kommission zur Besprechung von Kündigungen vorsieht. Erwähnt sei, dass *Nestlé* seit 1979 in Südkorea tätig ist und dort 40 Prozent des Kaffeemarktes beherrscht.

Zum Beispiel Japan: In Japan konstatiert Yorio Shiokawa von der Internationalen Vereinigung demokratischer Juristen eine Verschlechterung der Arbeitsbedingungen durch die Tätigkeit transnationaler Konzerne.[11] Er zitiert das Beispiel einer *Nestlé*-Niederlassung, die, seit die Gewerkschaft in den 1980er-Jahren Lohnerhöhungen und eine Verbesserung der Arbeitsbedingungen gefordert hat, »alles unternimmt, um die Gewerkschaft loszuwerden, wobei sie nicht vor Spaltungsversuchen der ArbeiterInnen und Schikanen aller Art zurückschreckte. Obwohl diese Aktivitäten von japanischen Gerichten als gesetzwidrig erklärt wurden, weigert sich das Unternehmen (*Nestlé* Japan), die Unrechtmäßigkeit einzugestehen, und fährt mit denselben Methoden fort ...«

Zum Beispiel China: In China wurden mehreren Quellen[12] zufolge mit allen *Nesquik*-Produkten (Pulverschokolade des Schweizer Multis) Stoffhasen angeboten, die in einem chinesischen Zwangsarbeitslager hergestellt worden sein sollen. Eine ehemalige Gefangene, Jennifer Zeng, beschreibt die Zustände in diesem Lager als fürchterlich. Sie erzählt, wie sie und ihre 130 Mitgefangenen gezwungen wurden, sieben Tage in der Woche bei weniger als vier Stunden Schlaf zu arbeiten. Pro Hase erhielten sie 3 Mao (3 Cent) »bezahlt«. Zeng erzählt, dass dieses »Umerziehungsprogramm« von Schlägen und Elektroschocks begleitet war. Der *Nestlé*-Konzern mit 18 Niederlassungen in China versprach, sich beim Zulieferer *MiQi Toys Ltd* zu erkundigen, bei dem 110 000 Stoffhasen bestellt worden waren. Ein Unternehmenssprecher erklärte, der Zulieferbetrieb exportiere Produkte in alle Welt und sei »von unseren Dienstabteilungen einer sorgfältigen Prüfung unterzogen worden«.[13] Nach Medienberichten über diese Affäre sah sich *Nestlé* jedoch bemüßigt, eine Klausel in die Zulieferverträge aufzunehmen, die den Einsatz von Zwangsarbeit verbietet.

Zum Beispiel Frankreich: In Frankreich[14] beabsichtigte *Nestlé Waters France,* zu der unter anderem die Marken *Vittel, Contrex* und *Perrier* gehören, bis 2007 rund tausend Stellen abzubauen. Bis Ende April 2004 wollte die Geschäftsleitung mit den Gewerkschaften in einem Abkommen vereinbaren, wie in den kommenden drei Jahren 1047 MitarbeiterInnen ab 55 (bei einer Belegschaft von 4100 MitarbeiterInnen) in Frühpension geschickt werden könnten – ein Sozialplan ohne Kündigungen, den Frits van Dijk, Verwaltungsratspräsident von *Nestlé Waters France*, als »soft« bezeichnete.[15] Eine Meinung, die von den Angestellten der betroffenen Unternehmen nicht geteilt wurde. Tatsächlich wurden in verschiedenen Regionen Frankreichs Ausstände, Demonstrationen und Aktionen durchgeführt, um gegen diesen Entscheid zu protestieren. Die MitarbeiterInnen der *Perrier*-Niederlassung in Vergèze im Departement Gard setzten sich beispielsweise offen gegen die Direktion zur Wehr. Besonders betroffen ist die *Perrier*-Fabrik, da dort 356 Arbeitsplätze oder ein Viertel aller Stellen gestrichen werden sollten. Doch für die Geschäftsleitung von *Nestlé Waters France* liegt die Begründung auf der Hand: Seit dem Aufkauf von *Perrier* 1992 habe die grüne Flasche keinerlei Profit abgeworfen, und man sei den AktionärInnen Rechenschaft schuldig.[16]

Nestlé-CEO Peter Brabeck ließ es sich angesichts der Mobilisierungen der ArbeiterInnen bei seinem Besuch in Paris am 2. März 2003 nicht nehmen, zu erklären, die Gruppe schließe »den Verkauf von *Perrier* nicht aus, wenn sich die Situation nicht verbessert«.[17] Am 11. März wiederholte Frits van Dijk diese Drohung mit dem zynischen Hinweis, es handle sich keineswegs um »Erpressung«, sondern gewissermaßen um einen Akt des Selbstschutzes: »Manchmal muss man sich einen Finger abschneiden, bevor das Übel auf den restlichen Körper übergreift.« Allerdings muss festgehalten werden, dass *Nestlé Waters* mit seinen 77 Marken wirtschaftlich ausgezeichnet dasteht. 2003 konnte das Unternehmen seine Verkäufe um 4,5 Prozent oder nahezu 5,2 Milliarden EUR steigern.[18] Und, anders als die an die Öffentlichkeit gerichteten Drohungen der *Nestlé*-Bosse, erwähnt der *Nestlé*-Geschäftsbericht für das Jahr

2003 ausdrücklich, dass *Perrier* deutlich zu »einem kräftigen Wachstum« beigetragen hat.[19] Doch für die Geschäftsleitung ist dieser Stellenabbau »Teil einer industriellen Vision, insbesondere seit der amerikanische Riese *Coca-Cola* auf den französischen Wassermarkt drängt«; und diese Vision setze Produktivitäts- und Leistungssteigerungen von einer ganz anderen Größenordnung voraus.[20]

Zum Beispiel Deutschland: In Deutschland, im baden-württembergischen Singen nahe der Schweizer Grenze, steht die *Maggi GmbH,* ein Unternehmen von *Nestlé Deutschland.* Keiner der dort Arbeitenden hatte an Streik gedacht, als die Gewerkschaft Nahrung-Genuss-Gaststätten (NGG) Ende Mai 2004 den auslaufenden Tarifvertrag kündigte und *Maggi* ihre Forderung nach einer Lohnerhöhung von vier Prozent vorlegte. Beim zweiten Verhandlungstermin im Juli aber legte *Nestlés* Arbeitsdirektor Friedrich Schmidt, statt über die Forderung zu verhandeln, ein »knallhartes Ultimatum« vor: Bei *Maggi* in Singen müssten sofort 3,2 Millionen Euro an Personalkosten eingespart werden, sonst werde die Produktion in andere Werke verlegt. Konkret verlangte die Geschäftsleitung eine Nullrunde bei den Löhnen, eine Verlängerung der wöchentlichen Arbeitszeit von 37 auf 38 Stunden (ohne Lohnausgleich), eine weitere Reduktion der bezahlten Pausen, eine Streichung der Schichtzulagen und eine Kürzung der Jahressondervergütungen. Mit dieser »Erpressung« (so der Singener NGG-Sekretär Karl-Heinz Müller) hatte *Nestlé* offenbar den Bogen überspannt.

Als die *Nestlé*-Führung bei einem dritten Tarifgespräch ihr Ultimatum wiederholte, votierten 99,5 Prozent der gewerkschaftlich organisierten Beschäftigten für Kampfmaßnahmen und traten in den Streik. Nach einer Woche Arbeitskampf wurde ein Tarifvertrag abgeschlossen. Vereinbart wurde für das Werk eine Beschäftigungssicherung bis zum Jahre 2010. Gleichzeitig einigten sich NGG und *Nestlé Deutschland* rückwirkend zum 1. Juni 2004 auf eine Lohnerhöhung von 2 Prozent für die rund 950 Beschäftigten. Die Arbeitszeit, derzeit 37 Stunden pro Woche, wird nicht verlängert. Als Gegenleistung verloren die Beschäftigten die bezahlte 20-Minuten-Pause in zwei Schritten: ab dem 1. August 2005 gibt es zehn Minuten weniger, ein Jahr später fallen die zweiten zehn Minuten weg.[21]

Den in diesem Kapitel präsentierten Unterlagen und Aussagen zufolge bekennt sich *Nestlé* in seinen Unternehmensgrundsätzen[22] zwar dazu, »jegliche Handlung zu unterlassen, die das Recht eines Mitarbeiters, frei über einen Beitritt [...] aus einer [...] Arbeitnehmervertretung zu entscheiden, einschränkt« und »das Recht der Mitarbeiter auf die Gründung von oder den Beitritt [...] zu gesetzlich anerkannten Gewerkschaften zu respektieren, vorausgesetzt, dieses Recht wird frei ausgeübt, sowie einen konstruktiven Dialog mit diesen Arbeitnehmervertretungen zu führen«. Das Mindeste, was sich sagen lässt, ist jedoch, dass zwischen den schönen Worten und Bekenntnissen des Unternehmens und seinen Praktiken vor Ort Welten liegen, wie im Detail noch am Beispiel des Arbeitskonflikts zu sehen sein wird, den *Nestlé* mit SINALTRAINAL, der kolumbianischen Gewerkschaft der Lebensmittelindustrie, austrägt.

Weiterführende Websites zum Thema

- Internationaler Bund freier Gewerkschaften: www.icftu.org
- Organisation AktionärInnen für nachhaltiges Wirtschaften (Actares): www.actares.ch
- Menschenrechtskommission des Wirtschafts- und Sozialrats der Vereinten Nationen: www.unhchr.ch.
- Labournet: www.labournet.de

3 Nestlé in Kolumbien: Eine Gewerkschaft kämpft um ihre Rechte

»Die Marke Nestlé steht für Qualität in jeder Hinsicht: Qualität der Rohstoffe, der Bearbeitungsprozesse, der Personen, die die Produkte herstellen und die sie verkaufen – Qualität rundum!«[1]

Nestlé de Colombia

Am Beispiel Kolumbien sollen zwei Arbeitskonflikte geschildert werden, die stellvertretend für ähnliche Konflikte in anderen ausländischen *Nestlé*-Niederlassungen sind.[2] Sie zeigen insbesondere das Vorgehen von *Nestlé* gegenüber ihren gewerkschaftlich organisierten ArbeiterInnen auf.

Nestlé fasste 1944 Fuß in Kolumbien und gründete gemeinsam mit der amerikanischen *Borden Inc.* die *Compañía Colombiana de Alimentos Lácteos S.A., Cicolac.*[3] Wenig später folgte die Gründung von *Industria Nacional de Productos Alimenticios INPA S.A.* und der Bau der ersten Fabrik in Bugalagrande im Caucatal, welche 1982 in *Industria Nestlé de Productos Alimenticios INPA S.A.* umbenannt wurde. Schließlich übernahm *Nestlé* 1971 zuerst einen 51-Prozent-Anteil und 1984 den gesamten Anteil der Firma *Comestibles La Rosa S.A.*

Heute verfügt *Nestlé* in Kolumbien über vier Fabrikationsstandorte: *Cicolac* in Valledupar[4], Departement Cesar; *Comestibles La Rosa S.A.*, Dos Quebradas, Risaralda; *Nestlé de Colombia S.A.*, Bugalagrande, Valle del Cauca; die Fabrik von *Purina PetCare,* in der Nähe von Bogotá (2001 von *Nestlé* übernommen). Der Firmenhauptsitz ist in Bogotá.

Parallel zur Gründung der Fabriken entstanden auch Gewerkschaften. So wurde 1948 SINTRACICOLAC ins Leben gerufen, dreizehn Jahre später folgte SINTRAINPA, 1963 SINTRALAROSA. 1982 schlossen sich die drei Basis- oder Fabrikgewerkschaften zur Branchengewerkschaft SINALTRAINAL (Nationale Gewerkschaft der Arbeiter der Lebensmittelindustrie) zusammen und erhielten vom kolumbianischen Arbeitsministerium gegen den Willen der *Nestlé*-Geschäftsleitung die Zulassung als juristische Persönlichkeit.[5]

Durch langjährige harte Arbeitskämpfe konnte SINALTRAINAL relativ gute Arbeitsbedingungen erkämpfen, die jedoch zum Teil auch zu harten Gegenmaßnahmen des Konzerns, Repression durch die kolumbianischen Behörden und gewalttätige Übergriffe durch Paramilitärs führten.

Die Situation bei Cicolac in Valledupar

Das Besondere am Betrieb *Cicolac* war sein gewerkschaftlicher Organisationsgrad. Während in Kolumbien 2003 im Allgemeinen nur sechs Prozent der ArbeiterInnen gewerkschaftlich organisiert waren, und das vor allem im öffentlichen Sektor[6], waren bei *Cicolac* im April desselben Jahres 76 Prozent der Beschäftigten Mitglied von SINALTRAINAL.[7]

Der Konflikt in der Fabrik *Cicolac* begann am 27. Februar 2002, als die *Nestlé*-Geschäftsleitung pauschal den Kollektivvertrag aufkündigte, der seit März 2000 in Kraft war.[8] Mit dieser Maßnahme wurden die meisten der in jahrzehntelangen Kämpfen erreichten sozialen Rechte ausgehebelt: die gewerkschaftliche Autonomie, die Übernahme von Gesundheitskosten, Subventionen für Unterkunft und Bildung, eine gewisse Arbeitsplatzgarantie etc.[9] Wie die Gewerkschaft anmerkte, würden sich mit der von *Nestlé* angestrebten Aufkündigung des Kollektivvertrags die Arbeitsbedingungen aller MitarbeiterInnen verschlechtern, obwohl sie weiterhin dieselbe Arbeit verrichten würden. Vermutlich ging es der Firmenleitung auch darum, die in dieser kolumbianischen Niederlassung ausgesprochen gut verankerte Gewerkschaft, die über ein reales Widerstandspotenzial verfügte, zu schwächen.

Im Gegenzug lancierte SINALTRAINAL eine Petition, um den Kollektivvertrag nicht nur zu verteidigen, sondern sogar Verbesserungen durchzusetzen. Gefordert wurde unter anderem eine Anpassung der Löhne an die Inflation (Erhöhung um 15 Prozent), ein verbesserter Schutz der GewerkschafterInnen, bessere Arbeitsplatzgarantien, zusätzliche Maßnahmen im Bereich der Arbeitssicherheit und die Übernahme eines höheren Anteils an Sozialleistungen.[10]

Während sich mit den von der Geschäftsleitung vorgeschlagenen Kürzungen der Sozialleistungen die Lebensbedingungen aller ArbeiterInnen zu verschlechtern drohten, waren die weiblichen Arbeiterinnen und die Frauen der Fabrikarbeiter ganz besonders betroffen. Denn mit dem vollständigen Abbau der Infrastruktur im Bereich von Gesundheitspflege und Bildung bestand die Gefahr, dass sich ihre Arbeitsbelastung erhöhte, da sie die Missstände im Sozialsystem in Zukunft zusätzlich zu ihren sonstigen Aufgaben durch Gratisarbeit ausgleichen müssten.

Druck auf die gewerkschaftlich organisierten ArbeiterInnen

Am 12. April 2002 beschloß SINALTRAINAL, den Streik auszurufen, um den Kollektivvertrag und den weitergehenden Forderungskatalog aktiv zu verteidigen. Dieser Streik fand letztlich jedoch nicht statt, und das aus gutem Grund: Die protestierenden ArbeiterInnen wurden massiv unter Druck gesetzt, sodass sie sich gezwungen sahen, den Streik abzublasen. Die Vorfälle waren schockierend. Am 23. April 2002 zog die Gewerkschaft nach Morddrohungen den Aufruf zum Streik zurück. Laut Aussagen von SINALTRAINAL waren mehrere Mitglieder telefonisch bedroht worden, etwa mit dem Hinweis, sie würden »bald im Himmel arbeiten, wenn sie die Vorschläge der Firma nicht akzeptierten«.[11] Bei der Interpretation dieser Morddrohungen begibt man sich auf ein heikles Terrain. Der Hintergrund, vor dem sie ausgesprochen wurden, war, dass *Nestlé* offenbar in der Bevölkerung eine gewisse Feindseligkeit gegen die GewerkschafterInnen begünstigte. So übte der Konzern über den regionalen Milchpreis Druck auf die ArbeiterInnen aus.[12] Das Unternehmen teilte ihnen offenbar mit, infolge der übertriebenen Lohnforderungen der Gewerkschaft zu den Preissenkungen gezwungen zu sein. Indem *Nestlé* den Bauern zu verstehen gab, die GewerkschafterInnen seien für ihre Einkommensverluste verantwortlich, schürte der Konzern soziale Spannungen, und das in einem Land, in dem seit langem ein verheerender Bürgerkrieg wütet. In einem der UN-Menschenrechtskommission vorgelegten Bericht wird auf den Zusammenhang zwischen Milchpreispolitik von *Nestlé* und Todesdrohungen hingewiesen. Im Bericht heißt es: »Laut Aussagen der Gewerkschaft hängen die Drohungen zum Teil damit zusammen, dass *Nestlé* den Milchpreis, den sie den Viehzüchtern zahlt, gesenkt hat und mit der Schließung der Fabrik droht und gleichzeitig SINALTRAINAL als einzig verantwortlich hinstellt. Nach diesen Anschuldigungen wurden seitens der Viehzüchter und der Paramilitärs Drohungen gegen die Gewerkschafter in Valledupar ausgesprochen.«[13]

Die *Nestlé*-Leitung unterließ es, die Drohungen der Paramilitärs gegen GewerkschafterInnen öffentlich zu verurteilen. *Nestlé* profitierte damit indirekt vom Klima der Angst und des Schreckens in dieser Region und konnte seine Restrukturierungspläne leichter umsetzen.[14] In dieser Situation verfügte das Unternehmen über einen zusätzlichen Spielraum, dem Arbeitskampf in der Fabrik *Cicolac* ein Ende zu setzen. Zu den Drohungen der Paramilitärs gesellten sich die verschlechterten Arbeitsbedingungen, die den Druck auf die protestierenden GewerkschafterInnen erhöhten. Laut Aussagen von SINALTRAINAL entließ die Firmenleitung Angestellte mit unbefristeten Anstellungsverhältnissen und ersetzte sie durch Personal mit befristeten Arbeitsverträgen, die in Stellenvermittlungsbüros rekrutiert wurden. Zudem drohte sie mit der Schließung der Fabrik und verbreitete ein aggressives Klima gegenüber den GewerkschafterInnen.[15]

Das Schiedsgericht

Die Todesdrohungen veranlassten SINALTRAINAL also, den geplanten Streik in der Fabrik nicht durchzuführen und sich an ein Schiedsgericht zu wenden.[16] Dieses Gericht hätte eigentlich die Aufgabe gehabt, zwischen den beiden Konfliktparteien zu vermitteln, und setzte sich aus je einem Vertreter von *Nestlé Cicolac* sowie SINALTRAINAL und einem theoretisch neutralen Regierungsvertreter zusammen. Im vorliegenden Fall unterhielten jedoch beide Personen, die für die Auswahl der Regierungsvertretung verantwortlich waren, Beziehungen zu *Nestlé*: Ludmyla Flores, Vorsteherin der Abteilung für individuelle und kollektive Angelegenheiten im Sozialministerium, war ein ehemaliges Mitglied der Verhandlungsdelegation von *Nestlé Cicolac*, Luz Estela Arango, Vizeministerin für sozialen Schutz, war ehemalige Rechtsberaterin einer anderen *Nestlé*-Fabrik in Kolumbien.[17]

Nachdem das Gericht mehrmals getagt hatte[18], beschloss der Gewerkschaftsvertreter am 7. Mai 2003, den eingeleiteten Prozess abzubrechen, weil ein gerechtes Verfahren nicht gewährleistet sei. Er begründete den Entscheid mit der Feststellung: »Ich wurde daran gehindert, meine Argumente vorzubringen und meine Unterlagen vorzulegen.«[19] Auf die von der Firmenleitung geforderten Belege u.a. über die Wirtschaftsbilanz, die Zahl der Beschäftigten und Subventionen für einen Kindergarten sei nie eingegangen worden.[20] Die Belege wären aber unerlässlich gewesen, um einen gerechten Prozess führen zu können. Zudem sei die Petition der ArbeiterInnen in den Gerichtssitzungen nie zur Sprache gekommen. Obwohl das kolumbianische Arbeitsgesetz ein unvollständig besetztes Schiedsgericht verbietet, fällte das unterdessen nur noch aus dem Vertreter von *Cicolac Nestlé S.A.*, Dr. Carlos Hernán Godoy, und dem Vertreter des Arbeitsministeriums, Dr. Carlos Jácome Hilleria, bestehende Gericht im Mai 2003 ein Urteil.[21] Die Folge war die Streichung verschiedener Weiterbildungzuschüsse, der Kündigungsentschädigung und des Inflationsausgleichs für das kommende Jahr, die Einstellung des kostenlosen Transports der ArbeiterInnen und der direkten vertraglichen Anstellung sowie die Verkürzung der für Gewerkschaftsarbeit zur Verfügung stehenden Arbeitstage.[22] Das Urteil folgte damit der Logik des Sozialabbaus, den *Nestlé* der Gewerkschaft mit der Kündigung des Kollektivvertrags aufzwingen wollte.[23] Auf die gewerkschaftlichen Forderungen ging das Gericht dagegen nicht ein. Vielmehr gelangte es »zum Schluss, dass die Fortsetzung der Tätigkeit von *Cicolac* durch das Faktum der mangelnden Wettbewerbsfähigkeit gefährdet war«.[24]

Gewerkschaft wie Firma legten Rekurs ein: die Gewerkschaft, weil der Schiedsspruch das Arbeitsgesetz verletze und der Schiedsspruch an sich unausgewogen sei, *Nestlé-Cicolac*, weil der Schiedsspruch immer noch keine genügende Kostenreduktion zulasse und damit das Problem nicht gelöst sei. Am 21. Juli 2003 erging das Urteil des Obersten Gerichts: Es kam zum Schluss, dass nicht gegen das Arbeitsgesetz verstoßen wurde und der Spruch nicht unausgewogen sei, und bestätigte damit den Schiedsspruch integral. Zwei von fünf Obersten Richtern enthielten sich jedoch der Stimme, weil sie der Überzeugung waren, dass das Vorgehen des Schiedsgerichtes sehr wohl das Arbeitsgesetz verletzt habe.[25]

Die Verantwortung von Nestlé International

Nachdem die Gespräche in Kolumbien in eine Sackgasse geraten waren, forderte SINALTRAINAL im Oktober 2002 mit Unterstützung schweizerischer GewerkschafterInnen,

NGOs, Attac und dem schweizerischen Departement für Auswärtige Angelegenheiten einen Termin am Hauptsitz von *Nestlé International* in Vevey. Die Geschäftsleitung lehnte ein solches Treffen ab. Im März 2003 schlug sie den Vorschlag zu einem Treffen, das diesmal auch vom Schweizerischen Gewerkschaftsbund gefordert wurde, ein weiteres Mal ab. Mit welcher Begründung? An der *Nestlé*-Generalversammlung im April 2003 in Lausanne bezog der für Lateinamerika zuständige Generaldirektor Carlos E. Represas Stellung zu dieser Weigerung und dem Arbeitskonflikt in Kolumbien.[26] Er betonte, dass es außerhalb Kolumbiens keinerlei Verhandlungen geben werde, da rechtlich die Verantwortung und die Prokura vollständig in Händen des Generaldirektors von *Nestlé Colombia*[27] liege und nicht in Vevey.

Allerdings war die Gewerkschaftsdelegation nicht gekommen, um in der Schweiz einen neuen Vertrag auszuhandeln, sondern sie wollte auf einen festgefahrenen Konflikt aufmerksam machen. Die Art und Weise, wie *Nestlé International* jede Verantwortung von sich wies und sich weigerte, die GewerkschafterInnen zu empfangen, ist aber nicht ganz untypisch. Wie ist diese Distanzierung der Generaldirektion in Vevey zu verstehen? Bezeichnenderweise stellte der für Lateinamerika zuständige *Nestlé*-Generaldirektor die Verhandlungen über diesen Arbeitskonflikt in Zusammenhang mit der Produktivität der Fabrik. Seine Aussage, wenn es *Nestlé* nicht gelinge, die Produktionskosten auf ein wettbewerbsfähiges Niveau zu senken, müsse der Konzern die Produktion in diesem Land einstellen und sich auf Import und Verteilung beschränken, kommt einer kaum verhüllten Drohung gleich.[28] Die ArbeiterInnen waren damit vor die Wahl gestellt, die verschlechterten Arbeitsbedingungen zu akzeptieren oder mit anzusehen, wie ihre Fabrik geschlossen wurde.

Die Rolle der kolumbianischen Regierung im Versuch, diesen Konflikt beizulegen, zeugte vor allem von ihrem Wunsch, ausländisches Kapital anzulocken, und sei es auf Kosten der Arbeitsbedingungen der einheimischen Bevölkerung. In einem Brief, den der kolumbianische Präsident Álvaro Uribe Vélez am 5. November 2002 an César de Los Ríos, Präsident von *Nestlé de Colombia*, schickte und der in der von *Nestlé* herausgegebenen Zeitschrift *Desafío* erschien, äußerte sich Uribe lobend über die Unternehmensleitung: »Einmal mehr hat *Nestlé de Colombia* sein entschiedenes, enthusiastisches Management unter Beweis gestellt und erheblich zu den Bemühungen der Regierung beigetragen, die sich dem Aufbau einer besseren Heimat verpflichtet fühlt.«[29] Drängt sich da nicht die Frage auf, wem diese bessere Heimat zugedacht ist?

Zusammenfassend kann festgestellt werden, dass es *Nestlé* gelungen ist, bei *Cicolac* die von der Konzernleitung gewünschten Arbeitsbedingungen durchzusetzen. Als Folge des hier nur ansatzweise dargestellten physischen und moralischen Drucks wurde die Gewerkschaft in Valledupar zerschlagen. Ab Oktober 2003 gab es in der Fabrik noch einen einzigen gewerkschaftlich organisierten Arbeiter. Die Firmenleitung von *Cicolac* konnte nahezu 200 ArbeiterInnen dazu bewegen, auf den Kollektivvertrag zu »verzichten«.[30] Laut Aussagen der ArbeiterInnen geschah dies durch regelrechte Erpressung: Die Arbeiter sollten in die Auflösung ihrer Arbeitsverhältnisse einwilligen und würden im Gegenzug eine großzügige Abgangsentschädigung erhalten. Verschiedene Arbeiter bestätigten jedoch schriftlich, dass massiver Druck auf sie ausgeübt worden sei, »freiwillige Einwilligungen« zu unterzeichnen, und dass ihnen damit gedroht worden sei, sie würden auf jeden Fall entlassen, aber unter viel schlechteren Bedingungen.

Nestlé-CEO Peter Brabeck beteuerte zwar, einen solchen Druck habe es nie gegeben und die Anschuldigungen der GewerkschafterInnen seien völlig aus der Luft gegriffen.[31] Tatsache ist jedenfalls, dass es zu verschiedenen (Zwangs-)Versetzungen von Arbeitern und Outsourcing verschiedener Aufgaben kam. Zudem wurde die Fabrik dann nahtlos mit Temporärangestellten weiterbetrieben, die im Herbst 2003 noch rund 4 USD pro Tag erhielten – gegenüber den in der Vergangenheit bezahlten 10 bis 12 USD, und das für einen längeren Arbeitstag.[32] Jede gewerkschaftliche Organisierung und der Kontakt zu GewerkschaftsführerInnen wurden ihnen außerdem verboten.

Joint Venture Dairy Partners Americas

Seit Herbst 2003 streuten Vorarbeiter in der Fabrik das Gerücht, dass *Nestlé* die Fabrik *Cicolac* per 31. Dezember 2003 an die neuseeländische *Fonterra* verkaufe und dass es deshalb keine Gewerkschaft und keinen Gesamtarbeitsvertrag geben könne. Auch die Gewerkschaftsspitze wurde am 4. Dezember 2003 über Pläne eines Joint Ventures namens *Dairy Partners Americas* zwischen *Nestlé* und *Fonterra* orientiert, jedoch ohne dass Details bekannt gegeben wurden. Gegenüber der Arbeitsgruppe Schweiz–Kolumbien hat *Nestlé* das mögliche Joint Venture mehrmals beharrlich bestritten, zuletzt mit Schreiben vom 19. März 2004.[33] An der Aktionärsversammlung vom 22. April 2004 verkündete das *Nestlé*-Management dann, dass am 5. April 2004 der Vertrag zwischen *Nestlé International* und *Fonterra* unterzeichnet worden sei.[34] Daraus muss geschlossen werden, dass *Nestlé International* im Arbeitskonflikt bei *Cicolac* eine Mitverantwortung trägt, da dieser Konflikt nicht losgelöst vom geplanten Joint Venture gesehen werden kann, und sich auf diese Weise aus der Verantwortung gestohlen hat.

Auch gegenüber der kolumbianischen Öffentlichkeit hat *Fonterra* respektive *Dairy Partners Americas (DPA)* sehr spärlich informiert. Am 19. April 2004 traten der lokale Fabrikdirektor Fernando del Castillo und der brasilianische Regionaldirektor Paulo Marcos Santos vor die Presse. *DPA Manufacturing Colombia Ltda* werde am 1. Juli 2004 operativ, nachdem *Fonterra* von *Nestlé de Colombia* die Installationen und Maschinen von *Cicolac* übernommen habe. Neu wird *DPA* von *Fonterra* betrieben, *Nestlé International* wird anstelle von *Nestlé de Colombia* neuer Aktionär. Gegenüber der kolumbianischen Presse wurde beteuert, dass die Arbeitsplätze und die Arbeitsbedingungen garantiert seien, ebenso die Milchabnahme bei etwa 2500 Bauern. Den Angestellten würden unbefristete Arbeitsverträge gegeben.

Gemäß vertraulichen Informationen aus der Fabrik hat ein Teil der Angestellten inzwischen direkte Arbeitsverträge von *DPA* erhalten, ein Teil steht noch bei der Arbeitsvermittlungsstelle *Adecco* befristet unter Vertrag. Die Löhne seien nicht erhöht worden (das heißt, es wird immer noch lediglich der Mindestlohn ausbezahlt), und die Arbeiter hätten ein Dokument unterzeichnen müssen, wonach sie auf das Recht, sich gewerkschaftlich zu organisieren, verzichten. Der im Juli 2003 vom Obersten Gericht Kolumbiens bestätigte neue Gesamtarbeitsvertrag findet bei DPA keine Anwendung, da die Verbindung zu *Cicolac* mit einem juristischen Schachzug gekappt wurde.[35]

Der Konflikt in Bugalagrande

Neben dem *Cicolac*-Konflikt kam es in einer anderen *Nestlé*-Fabrik in Kolumbien, *Nestlé de Colombia S.A.* in Bugalagrande, ebenfalls zu einer Auseinandersetzung zwischen der Gewerkschaft SINALTRAINAL und der Konzernleitung. In den 1980er-Jahren zeigte sich die Gewerkschaft in dieser Stammfabrik Nestlés sehr kämpferisch, nachdem sie schon 1974 und 1979 Hungerstreiks durchgeführt hatte. Sie wurde aber im Kontext einer explosiven Lage (soziale Kämpfe, Drogenhandel, Aufstandsbekämpfung) brutal niedergeschlagen. Am 22. Juli 1986 wurde der Präsident der Sektion Bugalagrande von SINALTRAINAL, Héctor Daniel Useche Berón, während laufenden Kollektivverhandlungen ermordet, der Vizepräsident Over Rico überlebte 1990 schwer verletzt ein Attentat. 15 weitere Gewerkschaftsmitglieder in Bugalagrande wurden entlassen. Als die Arbeiter aus Protest gegen diese Repression die Fabrik 1988 besetzten, wurde diese durch Spezialeinheiten der Armee gestürmt.

Seither herrschte in der Fabrik in Bugalagrande eine trügerische Ruhe. Gemäß den Aussagen der Gewerkschaft habe *Nestlé* die eingeschüchterten ArbeiterInnen wirtschaftlich unter Druck gesetzt, um ihnen Zugeständnisse beim Gesamtarbeitsvertrag abzuringen. Trotzdem versuchte SINALTRAINAL zusammen mit anderen sozialen Organisationen, eine gemeinsame Politik zu verfolgen, arbeitete eng mit der Gewerkschaft der Gemeindearbeiter von Bugalagrande, SINTRAMUNICIPIO, zusammen und unterstützte die Kleinbauern des zentralen Caucatales in ihrem Kampf gegen sinkende Kaffeepreise. Mit der schweren wirtschaftlichen Depression Ende der 1990er-Jahre verschärfte sich aber der Druck in Bugalagrande wieder. Seit 1999 trat der Bloque Calima der paramilitärischen Autodefensas Unidas de Colombia (AUC) verstärkt in der Region auf, was insbesondere in den Jahren 2000 und 2004 zu einer Welle von Morden an sozialen Führungspersonen führte. Am 12. Januar 2000 wurde der Präsident von SINALTRAINAL Bugalagrande gemäß seinen Aussagen bedroht und in seinem Haus durch unbekannte bewaffnete Personen aufgesucht. Für negative Schlagzeilen in Kolumbien sorgte *Nestlé* insbesondere mit der Umetikettierung abgelaufener importierter Pulvermilch. Der Konzern machte für diesen Skandal drei nationale Vorstandsmitglieder von SINALTRANAL verantwortlich und forderte sie auf zu kündigen, da sie unerwünschte Personen seien.[36] Im Oktober 2003 kam es dann zu Drohungen durch die Paramilitärs gegen zwei der betroffenen Vorstandsmitglieder der Gewerkschaft.[37]

Neben diesen paramilitärischen Eingriffen stößt die Gewerkschaft auch auf Schwierigkeiten in den Verhandlungen mit der Konzernleitung. Seit mehreren Jahren besteht die Geschäftspolitik *Nestlés* in Bugalagrande darin, die ArbeiterInnen jeweils zu vorgezogenen Verhandlungen einzuladen, die nicht den Regeln der offiziellen Kollektivverhandlungen unterstehen. SINALTRAINAL beklagt, dass diese Verhandlungen jeweils unter großem Druck stattfänden und dass sie sich dauernd mit der indirekten Drohung konfrontiert sehe, wenn die Vorschläge der Firmenleitung nicht akzeptiert würden, sei die Zukunft der Fabrik gefährdet. So sei es *Nestlé* wiederholt gelungen, im Gegenzug für eine bescheidene Lohnerhöhung und einmalige Bonuszahlungen Klauseln zu eliminieren, die für die langfristige Stabilität der Arbeitsplätze und die Gewerkschaftsarbeit von Bedeutung sind. *Nestlé* hätte in Bugalagrande auch die gültigen Gesamtarbeitsverträge verschiedentlich verletzt, so in Bezug auf den Anteil befristeter Angestellter und in Bezug auf die Gesundheitsleistungen und gewisse Lohnzuschüsse.[38]

Die Gültigkeit des letzten Gesamtarbeitsvertrages lief am 31. Mai 2004 aus. Danach hätten die gesetzlich vorgesehenen Kollektivverhandlungen zu dessen Erneuerung stattfinden sollen. *Nestlé* hatte jedoch schon im März 2004 die Arbeiter zu vorgezogenen Verhandlungen eingeladen. Gemäß der Arbeitsgruppe Schweiz–Kolumbien vorliegenden Verhandlungsdokumenten wollte die Firma unter anderem die Gesundheitsvorsorge grundsätzlich reformieren, die Löhne um 35 Prozent und die Arbeitstage für Gewerkschaftsarbeit um 25 Prozent kürzen sowie die Anstellungsbedingungen verschlechtern. Die Verhandlungen wurden im Mai 2004 abgeschlossen, wenn auch mit einem für die Gewerkschaft nicht sehr befriedigenden Resultat. Unter großem Druck haben die Arbeiter dann an einer Vollversammlung von SINALTRAINAL Bugalagrande am 23. Mai 2004 diesem neuen, schlechteren Kollektivvertrag zugestimmt.[39]

Nestlé und der Bürgerkrieg

Kolumbien zeichnet sich nicht nur durch ausgesprochen billige Arbeitskräfte aus, sondern ist darüber hinaus durch einen Bürgerkrieg stark in Mitleidenschaft gezogen. Für *Nestlé* bedeutet dies, dass der Konzern abgesehen von der Politik, die er bei der Beilegung des Arbeitskonflikts in seiner kolumbianischen Niederlassung verfolgt, indirekt vom politischen und gesellschaftlichen Klima profitiert, das durch Terror der Paramilitärs, die Verweigerung grundlegender Rechte der ArbeiterInnen, Korruption und Straflosigkeit gekennzeichnet ist – selbst wenn es andere gesellschaftliche Akteure sind, die für den Fortbestand dieses Systems verantwortlich zeichnen.

Zudem wird *Nestlé* bezichtigt, teilweise durch Unterlassung oder aktive Mithilfe staatlicher Stellen, mehrfach das Arbeitsgesetz und gültige Gesamtarbeitsverträge verletzt zu haben. Die Arbeitskonflikte in den beiden *Nestlé*-Standorten zeigen, dass der Konzern neben der Gewinnmaximierung kaum Rücksicht auf die wirtschaftliche und soziale Situation und Entwicklung des Landes nimmt. Aus diesen Gründen kann das Verhalten von *Nestlé* in Kolumbien als konfliktfördernd betrachtet werden.

Weiterführende Websites zum Thema

- SINALTRAINAL: www.sinaltrainal.org
- Arbeitsgruppe Schweiz–Kolumbien: www.kolumbien-aktuell.ch
- Kampagne zu Nestlé und Coca-Cola in Kolumbien: www.colonialismus.ch

4 Nestlé und die Gentechnik: Unannehmbare Doppelstrategie

»Wir werden auch in Zukunft weltweit Nestlé-Produkte überwachen, denn alle KonsumentInnen haben ein Anrecht auf gentechfreie Lebensmittel. Nestlé misst mit zweierlei Maß; je nach Land, in dem die KonsumentInnen leben, können sie Gentechprodukte vermeiden oder aber nicht. Diese Politik ist unannehmbar.«[1]

Arnaud Apoteker, Programmverantwortlicher für Biodiversität bei *Greenpeace* Frankreich

Während die Multis bei ihrer Jagd nach Profiten auch mögliche Schäden für Gesundheit und Umwelt in Kauf nehmen, erheben sich weltweit Proteste von KonsumentInnen: Die Frage, ob gentechnisch veränderte Organismen (GVO) eingesetzt werden dürfen oder nicht, ist damit voll entbrannt.[2] Tatsache ist allerdings auch, dass der GVO-Markt trotz der enormen Risiken, die er birgt, und trotz der Ablehnung, die er weltweit erfährt, für Großkonzerne wie *Nestlé* nach wie vor lukrativ und vielversprechend ist. Hier soll die Politik des schweizerischen Multis beleuchtet werden, der in Sachen GVO mit zweierlei Maß misst. Während in vielen reichen Ländern unter dem Druck der öffentlichen Meinung auf den Einsatz von Gentechnik verzichtet wird – zumindest was die Nahrungsmittel für Menschen betrifft[3] –, finden sich genmanipulierte Zusätze in vielen *Nestlé*-Produkten, die in anderen Ländern, namentlich in China, hergestellt werden.

Lukrativ für wenige, riskant und gefährlich für alle

In den letzten fünfzehn Jahren hat der Handel mit GVO weltweit einen bedeutenden Aufschwung erfahren.[4] Im Jahr 2002 wurden insbesondere in den USA, Kanada, Argentinien, Mexiko und China rund 40 Millionen Hektar gentechnisch veränderte Nutzpflanzen (insbesondere Mais und Soja) angebaut. Zwischen 2002 und 2003 erhöhten sich die kommerziellen Anbauflächen mit transgenen Kulturen von rund 58 Millionen Hektar auf nahezu 67 Millionen Hektar (unter Berücksichtigung der rund 3 Millionen Hektar, die illegal in Brasilien angebaut wurden).[5]

Eine Hand voll Konzernriesen beherrschen in der Lebensmittelindustrie den Weltmarkt, der Anfang 2000 auf beachtliche 2 Milliarden USD beziffert wurde.[6] Die Biotech-Industrie behauptet, die Zucht von krankheitsresistenten Sorten und Insektiziden, die sich unterschiedlichen Umgebungsbedingungen anpassen, erlaubten Ertragssteigerungen und Kosteneinsparungen. Nur so könne die Weltbevölkerung ernährt werden, die bis zum Jahr 2020 auf 8 Milliarden Menschen angewachsen sein wird.[7]

Doch nichts ist fraglicher als das. Die These, wonach sich der Hektarertrag durch gentechnisch verändertes Saatgut erhöhen ließe, konnte in mehreren neueren Studien nicht erhärtet werden.[8] Der Hunger ist Folge einer Wirtschaftsform, die auf der Profitlogik beruht und die Nahrung jenen vorbehält, die über die notwendigen Mittel für den Kauf von Lebensmitteln verfügen. Die Gentechnik, eine Technologie der reichen Länder, erhöht vielmehr die Nahrungsmittelabhängigkeit der ärmsten Bevölkerungen und den Welthunger.[9] Tatsächlich bedroht die Einführung von GVO durch die Großunternehmen vor allem in den ärmsten Ländern die Kleinbauern in ihrem Überleben, da sie gezwungen sind, jedes Jahr von neuem gentechnisch verändertes Saatgut zu kaufen. Dazu kommen die irreversiblen Umweltfolgen und die bisher kaum abschätzbaren Risiken durch den Verlust der Biodiversität, den Einsatz von Pestiziden, den Gentransfer über Artgrenzen hinweg, die Herausbildung resistenter Insektenstämme und Unkräuter. Ganz zu schweigen von möglichen langfristigen Gesundheitsfolgen, die schlicht unbekannt sind oder ignoriert werden. Zudem bedeutet die Ausbringung von GVO auf Millionen Hektar Land, dass Milliarden von veränderten Genen erzeugt werden, die auf die konventionell angebauten Nachbarfelder übertragen werden.[10] In Westeuropa haben die Multis in den vergangenen fünf Jahren in mehreren Ländern unter dem Druck einer gegenüber der Gentechnologie ausgesprochen misstrauischen Öffentlichkeit auf den Einsatz von Gentechnik verzichtet. Insbesondere in den Ländern des Südens sind dieselben Konzerne aber weit davon entfernt, auf den Einsatz derselben Methoden zu verzichten. Das trifft, wie wir sehen werden, auch auf *Nestlé* zu.

Doppelte Standards im Kreuzfeuer der Kritik

Der schweizerische Nahrungsmittelriese steht, ähnlich anderen Multis, die in die Gentechnologie investieren, dem Einsatz von GVO sehr positiv gegenüber. Auf der offiziellen *Nestlé*-Website hieß es noch im März 2004, der Konzern gehe aufgrund seiner Erfahrung davon aus, dass sich langfristig durch die Gentechnik die Qualität, die Verfügbarkeit und der Nährwert der Lebensmittel verbessern lasse und die Gentechnik der Steigerung der Nahrungsmittelproduktion und einer nachhaltigen Landwirtschaft zugute komme. Aus all diesen Gründen befürworte der Multi den verantwortungsvollen Einsatz von GVO, gestützt auf seriöse wissenschaftliche Forschung. Weiter beteuerte der schweizerische Konzern, die Sicherheit und die Qualität der Nahrungsmittelbestandteile habe für *Nestlé* Priorität. Das Vertrauen der KonsumentInnen stütze sich auf Transparenz und die Möglichkeit, sich über die Beschaffenheit der konsumierten Produkte zu informieren. Das alles klingt vernünftig und beruhigend und stimmt optimistisch. Doch wie sieht die *Nestlé*-Politik in Sachen Gentechnik in der Praxis aus?

Ab Mitte der 1990er-Jahre setzte *Nestlé* in England genmanipulierte Nahrungsmittelbestandteile ein. Erst im April 1999 kündigte der Schweizer Multi an, in Großbritannien die Produktion von genmanipulierten oder auf gentechnischer Grundlage entwickelten Lebensmitteln einzustellen, nachdem zuvor bereits die beiden wichtigsten Konkurrenten *Unilever* und *Tedesco* davon Abstand genommen hatten. In Westeuropa, wo die KonsumentInnen gegenüber Gentechnik sehr kritisch eingestellt sind, trat *Nestlé* also den Rückzug an. Die französische *Confédération paysanne* weist allerdings zu Recht darauf hin, dass *Nestlé* sich von allen Multis als letzter zu diesem Schritt durchgerungen hat.[11] Die Tatsache, dass Helmut O. Maucher[12], Ehrenpräsident von *Nestlé*, gleichzeitig im Aufsichtsrat des deutschen Pharmariesen *Bayer AG* saß, der für seine begeisterte Zustimmung zur Gentechnik bekannt ist, dürfte für das Verhalten von *Nestlé* in diesem Bereich nicht ganz irrelevant sein. Im Februar 2000 brachte Greenpeace in einer Presseerklärung[13] die Hoffnung zum Ausdruck, der schweizerische Multi werde sich endlich durchringen, weltweit bei der gesamten Nahrungmittelerzeugung nach und nach auf den Einsatz von genmanipulierten Organismen zu verzichten, wie er dies in einigen westeuropäischen Ländern und Australien bereits tut. Doch zwei Jahre später, am 14. Mai 2002, wies das Unternehmen bei einem Treffen mit Greenpeace das Ansinnen zurück, auf Gentech-Produkte zu verzichten oder diese wenigstens systematisch zu deklarieren.

Nestlé war nicht einmal bereit, auf den Einsatz von GVO mit Antibiotikaresistenzgenen zu verzichten, obwohl diese von der internationalen Wissenschaftsgemeinschaft verurteilt werden.[14] Im Dezember 2002 lancierte Greenpeace in Asien eine Kampagne gegen den *Nestlé*-Konzern, dem vorgeworfen wurde, Kaffee- und Kakaoprodukte mit genmanipulierten Bestandteilen zu verkaufen, ohne dies auf den Etiketten zu deklarieren.[15] Nachdem Greenpeace über drei Jahre hinweg Stichproben genommen hatte, erklärte die Organisation, dass sie in sechs *Nestlé*-Produkten genmanipulierte Zutaten gefunden habe. Die Landwirtschaftsbehörde in Shanghai bestätigte, dass *Nestlé* nie um eine Bewilligung für den Verkauf GVO-haltiger Lebensmittel nachgesucht habe. Nach diesen Anschuldigungen erklärte eine Sprecherin des Schweizer Unternehmens in Hong Kong: »Das chinesische Gesetz über die Kennzeichnungspflicht von GVO wurde letzten März eingeführt und gilt für industrielle Fertigprodukte.« Soja zählt in Asien zu den meistverwendeten Produkten von *Nestlé*, und auch China selbst produziert in großem Stil genmanipuliertes Soja.

Doch die Geschichte geht weiter. Ende 2003 reichte die Chinesin Eileen Zhu Yangling wegen Verletzung des Informationsrechts von KonsumentInnen Klage gegen *Nestlé* ein.[16] Denn auf dem Etikett von *Nesquik,* das sie ihrem Kleinkind verabreicht hatte, ist nicht deklariert, dass das Produkt genmanipulierte Zutaten enthält. Offenbar gelten »Information und Transparenz«, deren sich der Konzern auf seiner Internet-Seite rühmt, in diesem Fall nicht, denn Eileen Zhu Yangling erfuhr erst auf einer Internet-Seite von *Greenpeace,* dass das von ihr gekaufte *Nestlé*-Produkt Gentech-Zutaten enthält. Sie forderte von *Nestlé,* das auf dem chinesischen Markt die bescheidene Summe von einer Milliarde CHF (über 660 Millionen Euro) erwirtschaftet, einen Dollar als symbolischen Schadenersatz. Doch der Multi ließ sich nicht erschüttern. *Nestlé*-Sprecher François Perroud erklärte, *Nestlé* werde weiterhin in großem Stil Gentech-Produkte verwenden, wo die lokalen Behörden dies erlaubten und die KonsumentInnen einverstanden seien. Er selbst befürchte nicht, dass die Launen einiger AktivistInnen großen Einfluss auf die Meinung der chinesischen KonsumentInnen haben werden.

Diese Ansicht wird keineswegs von allen geteilt. Greenpeace beobachtet *Nestlés* Politik in Sachen GVO mit großem Missfallen, zumal andere Unternehmen wie *Mead Johnson* oder *Lipton* versprochen haben, auf den Einsatz von Gentech-Bestandteilen zu verzichten. In manchen Ländern Westeuropas war *Nestlé* unter dem Druck der internationalen Meinung zum Rückzug gezwungen. Dennoch haben wir selbst in der Schweiz und in anderen Ländern Europas keine Gewissheit, dass die von uns konsumierten Produkte GVO-frei sind. Es gibt beispielsweise keinerlei Garantien, dass nicht die berühmten *Maggi*-Suppen durch Fütterung genmanipulierter Tiernahrung ebenfalls betroffen sind.[17]

Alles in allem verzichtet *Nestlé* auf den Einsatz von Gentechnologie in Lebensmitteln nur dann, wenn die Gesetze eines Landes dies erfordern oder wenn der Konzern durch entsprechend massiven öffentlichen Druck dazu gezwungen wird. Greenpeace und die *Confédération paysanne* kommen zum Schluss, dass *Nestlé* im Gegensatz zu Europa in den Ländern des Südens mit der vermeintlichen Unwissenheit der Bevölkerung und einer flexiblen Gesetzgebung spekuliert, um Gentech-Produkte durchzusetzen. *Nestlé* muss verpflichtet werden, allen BewohnerInnen dieser Erde dieselbe Lebensmittelsicherheit anzubieten, in welchem Land auch immer der Multi seine Produkte verkauft. Die Doppelstrategie des Konzerns, der mit zweierlei Maß misst und den KonsumentInnen der reichen Länder einen hohen, den KonsumentInnen armer Länder aber einen niedrigen Grad an Lebensmittelsicherheit bietet, ist untragbar.

Weiterführende Websites zum Thema

- Association InfOGM: www.infogm.org
- Greenpeace: www.greenpeace.org, www.greenpeace.de, www.greenpeace.ch
- Gen-ethischer Informationsdienst (GID): www.gen-ethisches-netzwerk.de
- RAFI (Rural Advancement Foundation International): www.rafi.org

5 Nestlé und der Kaffeemarkt: Unkontrollierte Liberalisierung

»Was die Pflanzer für ihren Kaffee erhalten, wird letztendlich vom Marktpreis an den internationalen Kaffeebörsen in London und New York bestimmt.«[1]

Erklärung von *Nescafé*

Kaffee stellt einen der wichtigsten Reichtümer der Tropen dar. Dieses vor allem im Westen konsumierte Produkt wird ausschließlich in Ländern des Südens erzeugt. Die größten Exporteure sind Brasilien, Vietnam und Kolumbien, gefolgt von Peru, Indonesien, Uganda, Guatemala, Indien, Elfenbeinküste, Äthiopien, Honduras, Mexiko, Costa Rica.[2] Weltweit werden pro Jahr rund 5,5 Millionen Tonnen Kaffee erzeugt. Kaffee ist nach Erdöl das zweitwichtigste Rohprodukt. Die Schweiz ist eine Drehscheibe dieses Industriezweiges und erwirtschaftet darin pro Jahr rund 70 Milliarden US-Dollar. Neben *Nestlé*, deren Hauptsitz für die Kaffeeproduktion sich in Orbe befindet, wo *Nescafé* hergestellt wird, haben weitere führende Kaffeehändler ihren Sitz in der Schweiz.[3]

Die Rolle von Nestlé auf dem Kaffeemarkt

Seit den 1980er-Jahren wird der Kaffeemarkt zunehmend von einigen wenigen Multis kontrolliert, die den Löwenanteil an Profiten einstreichen. Dabei ist zwischen Handelshäusern und den Röstern zu unterscheiden, die die grünen

Kaffeebohnen weiterverarbeiten und gemahlenen oder Instantkaffee vermarkten. *Nestlé* gehört zu den fünf führenden Röstern – den »big five«, wie sie das Oxford Committee for Famine Relief (Oxfam)[4] nennt –, die den Weltmarkt in diesem Sektor kontrollieren. Die Macht dieses Oligopols aus *Kraft Foods, Nestlé, Sara Lee, Procter & Gamble* und *Tchibo* ist ins Unermessliche gewachsen, und die fünf Konzerne streichen nahezu den gesamten in der Wertschöpfungskette erwirtschafteten Mehrwert ein.[5]

Nestlé ist einer der beiden größten Kaffeeeinkäufer weltweit. Unter den fünf führenden Röstern halten *Nestlé* und *Kraft Foods* zurzeit einen Anteil von je rund 13 Prozent des Weltmarktes, gefolgt von *Sara Lee* mit rund 10 Prozent sowie *Procter & Gamble* und *Tchibo* mit je 4 Prozent. Der Handel ist für *Nestlé* ein finanziell ausgesprochen wichtiges Segment. 2003 erzielte der Konzern mit Löskaffee einen Umsatz von gut 8 Milliarden CHF, was 9 bis 10 Prozent des gesamten Umsatzes von *Nestlé* entspricht.[6]

Dramatische Folgen der Kaffeekrise

In den 1970er- und 80er-Jahren war der Kaffeehandel durch ein internationales Abkommen zwischen Produktions- und Konsumländern geregelt. Im Internationalen Kaffeeabkommen (IAC) wurden Exportquoten festgelegt und versucht, den Kaffeepreis auf einem bestimmten Niveau zu halten, um den KaffeeerzeugerInnen relativ stabile Einkommen zu ermöglichen.[7] 1989 wurde das Abkommen jedoch nicht mehr erneuert. Seither werden die Kaffeepreise an der Börse bestimmt. An den beiden wichtigsten Terminmärkten in London und New York wird auf die Verkäufe des

Rohkaffees spekuliert – ein gewinnträchtiges Geschäft, das zu erhöhten Preisfluktuationen führt. Die Preise können beispielsweise durch ungünstige Wetterverhältnisse in gewissen Produktionsländern, vor allem aber durch das wirtschaftliche Gewicht der Käuferfirmen beeinflusst werden.

Seit 1997 ist der Kaffeepreis zusammengebrochen und befindet sich heute auf dem tiefsten Stand seit 30 Jahren. 2001 deckten die Preise nicht einmal die Produktionskosten. Wie ist dies möglich? Einerseits gibt es seit der Liberalisierung des Handels, wie erwähnt, auf internationaler Ebene keine Preisuntergrenze mehr. Dazu kommt die weitere Mechanisierung und Intensivierung der Anbaumethoden. Nicht zuletzt aber haben auch die internationalen Finanzinstitutionen die Länder des Südens dazu aufgefordert, ihren Handel zu liberalisieren und sich auf den Export einiger weniger Rohprodukte zu konzentrieren. Das hatte einen sprunghaften Anstieg der weltweiten Kaffeeproduktion zur Folge, der zu einem Überangebot führte.

Die Folgen sinkender Preise für die Kaffeebauern

Wenn wir für einen Kaffee drei Franken bezahlen, erhalten die Kaffeebauern davon wenns gut geht einen Rappen. Die unkontrollierte Liberalisierung des Kaffeehandels und der damit verbundene Preisverfall haben sich für die Kaffeebauern und -bäuerinnen dramatisch ausgewirkt. 70 Prozent des Kaffees werden auf kleinen Flächen unter zehn Hektar angebaut. Die Kleinbauern erhalten für ihre Arbeit nur einen Bruchteil des Verkaufspreises. Die ProduzentInnen in Guatemala, die im Januar 1984 für ein Kilo grüne Kaffeebohnen noch 2,24 US-Dollar erhielten, bekommen im Januar 2002 nur noch 93 Cent[9], was ohne Berücksichtigung der Inflation einem Preisverfall von nahezu 60 Prozent entspricht. Der Erlös aus dem Kaffeeexport bleibt immer weniger in den Produktionsländern, deren Anteil zwischen 1992 und 2002 von über 30 Prozent auf unter 10 Prozent gesunken ist.[10]

Für die Familien der KleinproduzentInnen bedeutet dies, dass sie sich verschulden müssen oder die Arbeit verlieren und in Konkurs gehen. Viele müssen die Kaffeeplantagen aufgeben und steigen auf andere, zum Teil illegale Herstellungszweige wie den Koka-Anbau um.[11] 2002 verloren infolge der Kaffeekrise allein in Zentralamerika und Mexiko über eine halbe Million ArbeiterInnen ihre Stelle. Die meist isoliert auf dem Land lebenden Kleinbauern, die weder technische Hilfe erhalten noch die Möglichkeit haben, Kredite aufzunehmen, und wenig über die Marktpreise Bescheid wissen, sind den lokalen HändlerInnen ausgeliefert. Von freiem Markt kann keine Rede sein.[12] Meist bleibt ihnen angesichts der fehlenden Finanzmittel und Beratung nichts anderes übrig, als weiter Kaffee anzubauen.

Nestlé profitiert von der Kaffeekrise

Im Geschäftsbericht 2000 räumt *Nestlé* ein, dass es direkt von der Kaffeekrise und den sinkenden Preisen profitiert und seine Gewinnspanne erhöhen konnte. »Der Betriebsgewinn erhöhte sich um 15 Prozent und die Betriebsmargen verbesserten sich dank günstiger Rohstoffpreise und einer starken Umsatzsteigerung.«[13] Die sinkenden Großhandelspreise für Rohkaffee wirkten sich nicht unbedingt auf den Preis der Kaffeepackung im Detailhandel aus. Das

Unternehmen erzielt also mit jeder verkauften Packung einen höheren Gewinn. Über den Gewinn *Nestlés* mit Löskaffee liegen leider keine Zahlen vor, doch 2003 realisierte der Konzern im Getränkesektor (in dem ein Drittel der Verkäufe auf Löskaffee entfällt) einen Umsatz von 23,52 Milliarden CHF und eine EBITA (Bruttogewinn) von 4,038 Milliarden CHF.[14]

Umso erstaunlicher ist es, wenn *Nestlé* behauptet, der Konzern setze sich für gerechtere Kaffeepreise ein. Im Geschäftsbericht begründet das Unternehmen dieses Engagement und gibt sich besorgt über die schwierige Lage der ErzeugerInnen: »Zudem sind wir hauptsächlich im Bereich löslicher Kaffee tätig, der hohe Fixkosten aufweist, und besitzen deshalb gegenüber Produzenten von geröstetem und gemahlenem Kaffee bei höheren Rohkaffeepreisen gewichtige Vorteile.«[15] Da billige Rohkaffeepreise manchen Konkurrenten von *Nestlé* erlauben, den Kaffee zu günstigeren Preisen zu verkaufen, während für *Nestlé* die Fixkosten für die Produktion von Löskaffee unverändert bleiben, ist der Schweizer Multi am extremen Preisverfall, der in den letzten Jahren zu beobachten war, nicht besonders interessiert. Sieht man von der Konkurrenz ab, profitiert das Unternehmen jedoch trotzdem davon, da es die grünen Bohnen billiger einkaufen kann, wodurch ein höherer Anteil des Verkaufspreises für den abgepackten Kaffee in seiner Kasse bleibt.

Welcher Ausweg?

Die von den AnhängerInnen des »freien« Marktes so viel gepriesene Deregulierung des Kaffeemarktes bekommen

Millionen von Menschen direkt zu spüren. Die KaffeeproduzentInnen brauchen dringend Handelsbedingungen bzw. Preise, die ihre Herstellungskosten und ihren Lebensunterhalt decken. Eine Möglichkeit dazu bietet der faire Handel. Dabei spielen die KonsumentInnen eine entscheidende Rolle, denn mit ihrem Kauf bei Fair-Trade-Unternehmen tragen sie dazu bei, dass die PlantagenarbeiterInnen ein angemessenes Einkommen erzielen und die Mittel erhalten, um ihr Unternehmen in Eigenregie zu führen.

Der faire Handel garantiert einen Mindestkaufpreis (zurzeit rund das Doppelte des Weltmarktpreises), die Bezahlung einer Prämie zur Realisierung von Gemeinschaftsprojekten sowie die Direktabnahme bei den ErzeugerInnen. Im Gegenzug verpflichten sich die Kooperativen auf ein demokratisches Funktionieren, den Verzicht auf jede Form von Diskriminierung und die Lieferung von hochwertigem Kaffee.[16] Mit diesem System erhielten die KleinproduzentInnen die Möglichkeit, sich in Kooperativen zusammenzuschließen und selbst an den Wirtschaftsbeziehungen teilzuhaben, was normalerweise den mächtigen Multis vorbehalten ist. Gleichzeitig können sie auf Werten wie Solidarität und Zusammenarbeit beharren.[17] Das Fair-Trade-System beruht auf der Erfüllung gewisser Anforderungen. In jährlich durchgeführten Kontrollen aller Unternehmen durch spezialisierte PrüferInnen werden die Vorschriften bezüglich Gesundheit und Sicherheit der ArbeitnehmerInnen, Produktequalität und korrekter Buchführung überprüft. NGOs wie Oxfam sprechen sich neben dem fairen Handel jedoch auch für eine Rückkehr zur strengeren Regulierung des Kaffeemarktes, der Produktion, der Verarbeitung und des Röstens von Kaffee aus.[18]

Nestlé und die anderen führenden Röster und Handelshäuser müssen unbedingt mehr für umweltschonend angebauten Kaffee und die ArbeiterInnen vor Ort bezahlen und die eigene Gewinnspanne verringern. Oxfam fordert die Multis auf, Kaffee zu kaufen, der auf der Grundlage des gerechten Handels produziert wurde, und einen substanziellen Beitrag zur Armutsbekämpfung zu leisten. Einige wenige europäische und nordamerikanische Importeure sind inzwischen zwar dem Beispiel der vielen kleinen Geschäfte gefolgt, die Kaffee »mit ethischer Kompetenz« anbieten, doch verglichen mit den großen Käufern auf dem Weltmarkt wie *Nestlé* decken sie nur einen geringen Marktanteil ab. *Nestlé* ist offenbar aber nicht gewillt, gerechte Handelspreise für Kaffee zu bezahlen. Als Reaktion auf den Druck von NGOs verfasste der schweizerische Konzern Ende 2003 einen 15-seitigen Bericht, in dem es heißt: »Wenn allerdings die Kaffeebauern auf breiter Basis faire Handelspreise bezahlt bekämen, die über dem Marktpreis liegen, würde das zur Steigerung der Kaffeeerzeugung führen, das Ungleichgewicht zwischen Angebot und Nachfrage vergrößern und so auf die Rohkaffeepreise drücken.«[19]

Dieser Logik zufolge dürfen den KaffeepflanzerInnen keine korrekten Preise bezahlt werden, um sie vor sich selbst zu schützen. *Nestlé* erhält lieber seine Gewinnspanne aufrecht, als die ErzeugerInnen stärker am Gewinn zu beteiligen. Der von *Nestlé* propagierte Ausweg, der sich nahtlos in das neoliberale Denken fügt, lautet, dass nur der Markt über die Rohstoffpreise bestimmen dürfe.

Am konkreten Beispiel des Kaffees lässt sich schön die Selbstgefälligkeit der Multis aufzeigen, wenn sie von weltweiter Armutsbekämpfung sprechen.

Weiterführende Websites zum gerechten Handel

- Solidaritätsnetz zum Vertrieb von Kaffee der Zapatistenkooperative Mut Vitz: http://www.cafe-libertad.de/mutvitz.html, http://www.chiapas.ch/cafe1.php, http://www.zapata.com/site/brochures/cafe/reseau-solidaire.htm
- Oxfarm-Québec: www.commerceequitable.com
- Gemeinnütziger Verein TransFair: www.transfair.org
- Erklärung von Bern: www.evb.ch
- Claro, schweizerische Organisation für fairen Handel: www.claro.ch

6 Nestlé und der Wassermarkt: Geschäfte mit dem Durst

»Wasser wird weltweit immer knapper. Deshalb wollen wir die Hand auf die Quellen halten.«[1]

Helmut O. Maucher, ehemaliger *Nestlé*-Chef

Ein Fünftel der Weltbevölkerung hat heute keinen Zugang zu Trinkwasser. Mehr als die Hälfte aller Krankenhausbetten weltweit sind mit Personen belegt, die an Krankheiten leiden, die durch Wasser übertragen werden.[2] Jahr für Jahr sterben über 2 Millionen Kinder – täglich rund 6000 – an Durchfallkrankheiten. Die Vereinten Nationen haben sich zum Ziel gesetzt, bis 2025 dafür zu sorgen, dass zwei Drittel der Weltbevölkerung in Regionen mit ausreichend sauberem Trinkwasser leben.[3] Angesichts dieses gigantischen Bedarfs an sauberem Trinkwasser rufen private Investoren und transnationale Konzerne, die in der Trinkwasseraufbereitung tätig sind, nach Privatisierung der Wasserquellen und der Verteilnetze.[4]

Diese weltweite Privatisierung der Wasserressourcen wird, mit aktiver Unterstützung der Europäischen Union, im Rahmen der Welthandelsorganisation (WTO) und des Allgemeinen Dienstleistungsabkommens (GATS) organisiert.[5] Verschiedene Medien preisen die Vorteile einer solchen Privatisierung. Ein typisches Beispiel dafür ist die Zeitschrift *The Economist,* in der behauptet wird, dass in den Ländern des Südens durch Erhöhung der Wasserpreise eine bessere Verteilung erreichbar wäre.[6] Das entspricht der neoliberalen Logik, wonach nur Waren, die etwas kosten, mit Sorgfalt behandelt werden. Ausgeklammert bleibt bei dieser Argumentation, dass Menschen, die unter der Armutsgrenze leben, nicht über die Mittel verfügen, höhere Wasserpreise zu bezahlen. Die neoliberalen Theorien werden auch in die Praxis umgesetzt.

Wie im Entwicklungsprogramm der Vereinten Nationen (UNDP) festgestellt wird, führte die Privatisierung der Wasserverteilung und -aufbereitung in den zehn letzten Jahren manchmal von einem Tag auf den anderen zu einer deutlichen Gebührenerhöhung, die für die betroffene Bevölkerung katastrophale Auswirkungen hatte.[7] Zudem wird im Bericht festgehalten, dass das auf dem Rücken der Armen erwirtschaftete Geld nicht, wie in den Medien behauptet, in Versorgungs- und Aufbereitungsanlagen reinvestiert wurde (die Investitionen sind seit der Zulassung privater Akteure auf dem Wassermarkt de facto rückläufig), sondern den großen Multis im Gegenteil dazu dienen, ihre Gewinnspanne zu erhöhen.

Spekulation auf die Wasservermarktung

Wie einträglich der Wassermarkt sein könnte, ist den direkt an den Gewinnen interessierten Kreisen sehr wohl bewusst. Vor allem auf zwei große Bereiche haben es die Privatunternehmen abgesehen: die Wasserverteilung und den Verkauf von abgefüllten Wasserflaschen. Im Jahr 2000 wurde in der Schweiz von der Genfer Bank *Pictet* ein erster Wasseranlagefonds, der Pictet Fund – Water, lanciert.[8] In einem an die AktionärInnen adressierten Bericht des Fonds heißt es, dank fehlender Finanzhilfe der Behörde an die Wasserverteilung werde der Anteil der Weltbevölkerung, die von einem System der Wasserversorgung unter Beteiligung der Privatwirtschaft profitieren werde, in den kommenden 15 Jahren von 7 auf 17 Prozent steigen.[9] Der Fonds setzte auf ein durchschnittliches Wachstum von 8 Prozent im Wassersektor, was als beachtlich angesehen werden kann. Zurzeit hat der Pictet Fund – Water etwas mehr als 4 Prozent seiner Positionen in *Nestlé* angelegt.

Nestlé führend auf dem Flaschenwassermarkt

Welche Rolle spielt *Nestlé* im einträglichen Geschäft mit dem »blauen Gold«? Mit einem Marktanteil von rund 16 Prozent belegt der schweizerische Multi auf dem Markt für Flaschenwasser den ersten Rang, gefolgt von *Danone* mit rund 12 Prozent, *Coca-Cola* und *Pepsi Cola*. Der weltweite Umsatz in diesem Sektor liegt bei 36 Milliarden Euro. ExpertInnen rechnen jedoch mit jährlichen Zuwachsraten von 7 bis 8 Prozent bis zum Jahr 2010, was einer Verdoppelung der Nachfrage innerhalb von weniger als zehn Jahren entspräche.[10] Daneben versucht *Nestlé* seit einiger Zeit, sich durch zahlreiche Firmenkäufe auf dem Markt für abgefüllte Wasserbehälter für Büros oder Haushalte zu etablieren, in dem das Unternehmen noch wenig präsent ist.

Nestlé Waters, die im Wassersektor tätige Gruppe, ist überaus rentabel. Im Jahr 2003 erwirtschaftete *Nestlé* über 6 Prozent des Bruttogewinns in diesem Bereich.[11] Ein anderer Indikator zeigt ebenfalls, dass das Wasser für den schweizerischen Konzern ein ausgesprochen interessantes Geschäft darstellt, denn 2003 flossen nahezu 20 Prozent der Investitionen in diesen Sektor. 2004 verzeichnete der

Wassersektor auf einigen Märkten des Südens (China, Ägypten, Brasilien, Argentinien) ein organisches Wachstum von nicht weniger als 30 Prozent! *Nestlé* hält Dutzende Wassermarken, darunter so bekannte Labels wie *Perrier, Vittel, Contrex, San Pellegrino, Nestlé Pure Life* und *Nestlé Aquarel.* Insbesondere die letztere Marke erreichte 2004 ein Wachstum von 40 Prozent.[12]

Nestlé kauft Wasserquellen und Konzessionen

Zur Sicherung ihres Bedarfs kauft *Nestlé Waters* weltweit Konzessionen zur Abschöpfung von Wasser und privatisierte Quellen auf und pumpt daraus gigantische Wassermengen ab. Die Folgen für die nähere Umgebung werden oft als katastrophal beurteilt. Kann sich das Grundwasser nicht im gleichen Rhythmus regenerieren, wie Wasser abgeschöpft wird, sinkt der Grundwasserspiegel ab, was sich negativ auf das ökologische Gleichgewicht der Region auswirken und andere Quellen in der Umgebung versiegen lassen kann. Was passiert, ist, mit anderen Worten, die Aneignung eines Gemeinguts durch Privatunternehmen, die lächerliche Summen für Lizenzen bezahlen, um in der Folge enorme Profite zu generieren. Gegen diese Politik von *Nestlé* formiert sich in aller Welt Widerstand.

In São Lourenço (Minas Gerais), Brasilien, wurde *Nestlé* 1998 durch den Kauf von *Perrier* Besitzerin einer Quelle innerhalb eines Wasserparks und begann mit einer massiven Wasserausbeutung, unter Missachtung zahlreicher Gesetze. *Nestlé* errichtete verbotenerweise eine Fabrik, umgab diese mit einer riesigen Mauer, bohrte tiefe Brunnen (verbotenerweise) und begann täglich 30 000 Liter

Wasser hinaufzupumpen (verbotenerweise). *Nestlé* demineralisierte dieses Wasser, fügte dann wieder einen Zusatz hinzu, um ein Standardwasser zu erhalten, das unter dem Namen *Pure Life,* in Flaschen abgefüllt, insbesondere in ärmeren Ländern verkauft wird. (Die Demineralisierung von Wasser ist in vielen Ländern, so auch in der Schweiz und in Brasilien, strikte verboten, da die dafür notwendigen Manipulationen die Wasserqualität unkontrollierbar machen.) Die Folgen von Nestlés Aktivitäten in São Lourenço:

1. Der Grundwasserspiegel des ganzen Wasserparks São Lourenço senkte sich aufgrund des Abpumpens großer Wassermengen.
2. Eine Quelle des Wasserparks außerhalb der Fabrik versiegte; man vermutete, dass der Druck aufgrund des gesunkenen Grundwasserspiegels nicht mehr ausreichte.
3. Die Quellengebäude des Wasserparks wiesen – ebenfalls aufgrund des gesunkenen Grundwasserspiegels – zahlreiche Risse auf.
4. Die anderen Quellen im Wasserpark veränderten sich im Geschmack, da das Wasser aufgrund des massiven Abpumpens nicht mehr die nötige Zeit hatte, um durch die verschiedenen Schichten zu sickern.[13]

Die brasilianische Bürgerinitiative für Wasser bekämpfte den Schweizer Riesen. Sie reichte Klage gegen *Nestlé* ein und informierte insbesondere die schweizerischen Medien, die in Artikeln und Fernsehreportagen regelmäßig über das Zerstörungswerk der *Nestlé*-Fabrik in Brasilien berichteten. Dies scheint den Konzern, der in Brasilien sehr stark verankert und sehr auf sein gutes Image bedacht ist, besonders geschmerzt zu haben. An einem parallel zum World Economic Forum (WEF) von Davos organisierten Forum im Januar 2004 erklärte Peter Brabeck daher, *Nestlé* werde sich aus dem Wasserpark von São Lourenço zurückziehen.[14]

Trotz diesem Versprechen und obschon der Gerichtsentscheid in São Lourenço der Bürgerinitiative Recht gab, betreibt *Nestlé* die Fabrik im Kurort weiterhin.[15] Dabei wird der Multi von einem Teil der brasilianischen Behörden, etwa dem Departamento Nacional de Produção Mineral, unterstützt. Der Umstand, dass *Nestlé* zu den offiziellen Partnern des Null-Hunger-Programms der Regierung von Luiz Inácio (Lula) da Silva zählt, spielt dabei wahrscheinlich eine bestimmte Rolle.

Eine weitere Region, auf die sich das Interesse von *Nestlé* konzentriert, sind die Großen Seen in den Vereinigten Staaten, die rund ein Fünftel der weltweiten Süßwasserreserven bergen. Seit einigen Jahren versucht die *Nestlé Waters North America*-Gruppe (die vormalige *Perrier Group of America)* dieses Wasserpotenzial so intensiv wie möglich zu nutzen, um die in den Vereinigten Staaten millionenfach verkauften Mineralwassermarken *Ice Mountain* und *Poland Spring* zu füllen. Zuerst versuchte es *Nestlé* über die *Perrier*-Gruppe in Wisconsin.

Im September 2000 erhielt der Konzern eine Lizenz zum Abpumpen zweier leistungsstarker Quellen in der Nähe von New Haven und beabsichtigte für 100 Millionen US-Dollar den Bau einer Fabrik.[16] Doch gegen dieses Projekt regte sich erheblicher Widerstand. Mehrere Bürgerinitiativen entstanden, die sich gegen das Abpumpen gigantischer Wassermengen, das direkte Folgen auf die Umwelt und das ökologische Gleichgewicht hat, wehren. Im Übrigen beschwert sich die Bevölkerung rund um die Pumpanlagen von *Nestlé* in Texas und Florida über regelmäßige Unterbrechungen in der Wasserversorgung.[17] Rasch wurden verschiedene Referenden eingereicht, Resolutionen verabschiedet und ein Boykott-Aufruf lanciert. Schließlich reichten der Indianerstamm Ho-Chunk, der auf den engen kulturellen Bezug des Stammes zu der Quelle verweist, und eine Gruppe von BürgerInnen aus Newport eine Klage ein. Das Gericht erklärte die dem Multi gewährte Lizenz zwar für rechtmäßig, forderte aber neue Untersuchungen über die Umweltverträglichkeit des Projekts. Angesichts des Drucks gab *Nestlé* sein Vorhaben jedoch auf und wandte sich dem Nachbarstaat Michigan zu.[18] Jim Jeffrey, Sprecher von *Perrier Group America,* meinte dazu: »In Michigan waren die Menschen viel offener. Unsere Operation wird in einem anderen Staat von großem Erfolg gekrönt sein, und die Menschen in Wisconsin werden sehen können, wer wir wirklich sind.«[19]

Im Jahr 2000 erhielt *Nestlé Waters North America* nahe der großen Wasserfälle eine Lizenz zum Abpumpen von vier Quellen – angeblich für die lächerliche Summe von rund 100 US-Dollar! Die republikanische Regierung in Michigan zeigte sich empfänglich für die Versprechungen von *Nestlé,* neue Stellen zu schaffen, und befürwortete das Projekt energisch. Offenbar wurden dem Unternehmen zudem Steuererleichterungen in der Höhe von nahezu 10 Millionen US-Dollar gewährt.[20] Für 150 Millionen US-Dollar wurde nun eine Fabrik mit einer Pumpkapazität von 881 Millionen Liter Wasser pro Jahr gebaut.[21]

Doch auch hier wiederholte sich dieselbe Geschichte. Drei Indianerstämme und eine neu gegründete Bürgerinitiative mit Namen Michigan Citizens for Water Conservation reichten eine Klage ein. Die Bürgerinitiative wandte sich mit der Grundsatzfrage an das Gericht, ob *Perrier* oder irgendein anderes Unternehmen berechtigt sei, Wasser zu privatisieren, es der Region der Großen Seen zu entziehen und andernorts zu verkaufen, um daraus privaten Profit zu ziehen.

Im November 2003 fällte der Mecosta County Circuit Court in Michigan ein geschichtsträchtiges Urteil, das der Bürgerinitiative Recht gab und *Nestlé* zur Schließung der Pumpanlage verpflichtete.[22] *Nestlé* erhob Einspruch, aber das Urteil wurde im Februar 2004 vom Gericht bestätigt.

Dieses Urteil zeigt, dass Bürgerbewegungen einen realen Einfluss auf den den Multis zugestandenen Handlungsspielraum gewinnen können. Es darf jedoch nicht vergessen werden, dass *Nestlé* in den Vereinigten Staaten mehrere Dutzend anderer Quellen abpumpt und die Wasserverkäufe in diesem Land in der jüngsten Vergangenheit weiter gestiegen sind.[23]

Trotzdem sei auf einen weiteren Fall von erfolgreichem Widerstand gegen die Ausbeutung einer Quelle durch *Nestlé* hingewiesen: In der Schweiz konnte eine auf Initiative von Attac Neuchâtel entstandene Widerstandsbewegung verhindern, dass *Nestlé* eine Konzession zur Abschöpfung von Mineralwasser aus den Quellen von Bevaix im Kanton Neuenburg erhielt.[24]

Verkaufsstrategien im Westen

Wie die Konkurrenten *Danone, Pepsi* und *Coca-Cola* versucht auch *Nestlé*, den KonsumentInnen in einer aufwändigen Werbekampagne einzureden, das in Flaschen abgefüllte Wasser sei qualitativ besser als Leitungswasser. Diese Kampagne ist für den Multi umso wichtiger, als das verkaufte Wasser ein Vielfaches des Leitungswassers kostet. Einer Studie des World Wildlife Fund zufolge hält die Mehrheit der Bevölkerung heute das in Flaschen abgefüllte Wasser für gesünder[25] – ein bezeichnendes Beispiel für die enorme Macht der Werbung. Trotzdem ist in den westlichen Ländern die Qualität des Leitungswassers im Allgemeinen gut und unterscheidet sich kaum im Geschmack, was Blindversuche zu bestätigen scheinen.

Zudem ist die Qualität des um ein Vielfaches teurer verkauften Mineralwassers nicht immer über alle Zweifel erhaben. Beim Test von rund hundert im Handel befindlichen Marken stellte das Gesundheitsministerium von Kansas, USA, fest, dass ein Drittel der überprüften Mineralwasserflaschen Rückstände unerwünschter Substanzen aufwiesen.[26] Dazu kommt, dass sich durch Lagerung und Transport, die sich über Monate hinziehen können, Spuren von Chloroform, Nitrat und sogar Blei in den geprüften Proben nachweisen ließen. Dieses Ergebnis steht in Widerspruch zu Begriffen wie »Reinheit« oder »Felswasser« etc., die auf den Etiketten prangen.

Im Juni 2003 wurde in Greenwich eine Klage gegen *Poland Spring* (eine Marke von *Nestlé Waters North America)* eingereicht, die beschuldigt wurde, die KonsumentInnen mit der Behauptung getäuscht zu haben, das Wasser käme aus einer der »beschützten, reinen Quellen tief im Maine-

Wald«, während es in Wirklichkeit aus künstlichen Quellen gepumpt werde, von denen zumindest eine auf einem Parkplatz neben einer viel befahrenen Straße liege.[27]

Verkaufsstrategien im Süden

Mit dem tonnenweise aus verschiedenen Quellen in aller Welt abgeschöpften Wasser füllt *Nestlé* namentlich die Wasserflaschen der Marke *Pure Life*. Die Marke wurde 1998 in der Absicht lanciert, weltweit die Nummer eins auf dem Wassermarkt zu werden. Sie wurde schrittweise in den Ländern des Südens eingeführt, beginnend mit Pakistan, wo *Pure Life* heute einen Marktanteil von über 50 Prozent hält. Laut dem *Asian Wall Street Journal* bediente sich *Nestlé* bei der Lancierung zweifelhafter Methoden.[28] Zwei Monate vor der Lancierung habe das Unternehmen die Bevölkerung in Seminaren, an denen Beamte verkündeten, wie katastrophal die Wasserqualität in Pakistan sei, in Sachen Wasserhygiene sensibilisiert. *Pure Life* wurde daraufhin sozusagen als Alternative präsentiert.

Doch dieses Wasser kann sich nur ein kleiner Teil der Bevölkerung leisten. Um in Pakistan den Trinkwasserbedarf einer Person mit *Pure Life* zu decken, müssten laut *Asian Wall Street Journal* 243 US-Dollar ausgegeben werden. Das pakistanische Durchschnittseinkommen liegt bei 495 US-Dollar. Damit ist *Pure Life* für Millionen von Durst leidenden Menschen eine Scheinalternative. Noch schwerer wiegt, dass die Lancierung dieser Marke in Drittweltländern die staatlichen Behörden davon abhalten kann, in die Verbesserung der öffentlichen Trinkwasserversorgung zu investieren. Aus dieser Misere schlägt *Nestlé* Profit. Das

Unternehmen stellt auf seiner Website fest, dass Asien »in den kommenden Jahren ein beträchtliches Wachstumspotenzial« bei Flaschenwasser aufweise.[29]

Auch für den Nahen Osten und Afrika weist *Nestlé* auf die zentrale Bedeutung des Trinkwassers hin. *Pure Life,* das 2001 auch im Libanon auf den Markt gebracht wurde, erlaube *Nestlé Waters,* seine Führungsposition in diesem Bereich auszubauen.[30] Im *Nestlé*-Geschäftsbericht 2002 heißt es: »Unsere Tätigkeiten in Asien, im Mittleren Osten und in Afrika machten gute Fortschritte, mit Zuwachsraten beim organischen Wachstum von allgemein über 20 Prozent.«[31]

Zugang zu Trinkwasser – ein Menschenrecht

Wie die schweizerische Arbeitsgemeinschaft der Hilfswerke feststellt, ist Wasser keine x-beliebige Handelsware, sondern unersetzbar und ein wichtiges Lebensmittel.[32] Der Zugang zu Wasser muss als Menschenrecht angesehen werden. Wenn über eine Milliarde Menschen keinen Zugang zu dieser Ressource haben, weil es ihnen an finanziellen Mitteln fehlt oder ein Multi, der die Konzessionen gekauft hat, die Verteilung von Wasser in der einen oder anderen Randregion als unrentabel betrachtet, kann dies nicht hingenommen werden. Die wirkliche Antwort auf das durch Wassermangel verursachte weltweite Elend sind nicht Kommerzialisierung oder Börsenspekulation, sondern Investitionen der öffentlichen Hand in die Verbesserung der Wasserverteilung, denn Wasser ist auf der Erde ausreichend vorhanden.

Weiterführende Websites zum Thema

- World Water Council: www.worldwatervision.org
- Arbeitsgemeinschaft der Hilfswerke – Swissaid, Fastenopfer, Brot für alle, Helvetas, Caritas: www.swisscoalition.ch
- Save America's Water: http://saveamericaswater.com
- Michigan Citizens for Water Conversation: www.savemiwater.org
- U.S. Water News Online: www.uswaternews.com

7 Nestlé-Milchpulver: Ein nicht enden wollender Skandal

»Wir glauben, dass es sehr wichtig ist, die Konsumenten klar darüber zu informieren, wie künstliche Babynahrung zubereitet werden soll. Das geschieht auf allen Nestlé-Etiketten. Dieser Ansatz entspricht völlig den Prinzipien der Risikokommunikation.«[1]

Christina Drotz-Jonasson, PR-Verantwortliche bei *Nestlé International*

Laut der offiziellen Geschichtsversion von *Nestlé* soll das Ziel bei der Einführung der Pulvermilch Ende des 19. Jahrhunderts gewesen sein, eine Nahrungsalternative für Kinder zu bieten, deren Mütter nicht stillen können. Die auf Unterernährung zurückzuführende Kindersterblichkeit in der Welt könne durch dieses neue »rettende« Produkt namens »Farine lactée Henri *Nestlé*« (Kindermehl) bekämpft werden.

Ab 1867 begann *Nestlé* mit der Herstellung und Vermarktung seines Produkts[2], das schon bald weltweit verkauft wurde. *Nestlé* bediente sich dabei von Anfang an sehr aggressiver Werbemethoden. Ab den 1950er-Jahren setzten sich Ersatzprodukte für Muttermilch immer mehr durch. So ging beispielsweise in Chile der Anteil der gestillten Kinder von 95 auf 20 Prozent zurück.[3] Die Kampagnen zielten darauf ab, Mütter zu überzeugen, ihre Säuglinge so früh wie möglich *ausschließlich* mit Milchpulver zu ernähren. Damit versiegt natürlich die Milchbildung in der Brust, und die Mutter kann nur sehr schwer ihren Entscheid rückgängig machen. Die Werbekampagnen setzten daher auf schlagkräftige Argumente und betonten den medizinischen Wert der Produkte, wofür sie Unterstützung von namhaften ÄrztInnen und WissenschaftlerInnen suchten und erhielten. Gleichzeitig wurden Dosen mit Milchpulver direkt über Apotheken vertrieben. Ein Teil des medizinischen Personals beeinflusste die Mütter in Spitälern mit pseudowissenschaftlichen Informationen, die in Wirklichkeit oft nichts anderes als Werbematerial für Pulvermilch waren.[4] Um die Argumente zu untermauern, wurden oft schon in den Krankenhäusern Gratisproben an Mütter verteilt. Die Pulvermilch wurde nicht als Ersatznahrung bei Stillunfähigkeit dargestellt, sondern als Symbol des Fortschritts. Manchmal übten die großen Multis offenbar sogar mit der Drohung, Fabriken zu schließen und die Produktion zu verlagern, Druck auf die Regierungen armer Ländern aus, um die Einführung von Gesetzen, die solche Marketingmethoden verbieten, zu verhindern oder zu verzögern.

Stillen kostet nichts und spielt nach Ansicht von WissenschaftlerInnen und ÄrztInnen eine bedeutende Rolle bei der Entwicklung des körpereigenen Abwehrsystems, das die Säuglinge vor den verbreitetsten Infektionskrankheiten bewahrt (durch die Muttermilch können von der Mutter entwickelte Immunkörper auf das Baby übertragen werden). Milchpulver kann dagegen vor allem aus zwei Gründen tödliche Gefahren für den Säugling bergen:

- durch die hohen Preise: In den armen Ländern verdienen Familien oft zu wenig, um sich die empfohlenen Mengen an künstlicher Milch kaufen zu können. Das

Pulver wird daher mit Wasser gestreckt, die Säuglinge sind mangelhaft ernährt. Diese Fehlernährung kann gravierende und sogar tödliche Folgen haben.

- durch fehlende Hygiene: Für die Zubereitung der künstlichen Säuglingsnahrung sind Trinkwasser und sterilisierte Fläschchen nötig. Beides ist in Ländern des Südens oft nicht vorhanden. Daher können Mageninfektionen und zum Teil tödliche Durchfallerkrankungen auftreten.

Angesichts der sich häufenden Skandale, die in den 1970er-Jahren zum Boykott von *Nestlé*-Produkten führten (siehe Anhang »Boykott von *Nestlé*-Produkten«), beriefen die beiden UNO-Organisationen WHO (Weltgesundheitsorganisation) und Unicef (Kinderhilfswerk) 1979 eine Konferenz über Säuglings- und Kinderernährung in Genf ein. Eines der Ergebnisse dieser Konferenz war die Übereinkunft, dass ein Kodex zur Kontrolle der Vermarktungspraktiken notwendig sei. Sechs der an der Konferenz teilnehmenden NGOs beschlossen die Gründung des Internationalen Aktionsnetzwerks Säuglingsnahrung (IBFAN), welches zusammen mit Vertretern der Industrie in intensiver Zusammenarbeit mit Unicef und WHO einen Verhaltenskodex ausarbeitete, der auf ein Verbot aggressiver Werbung und der Verteilung von Gratisproben abzielte (siehe Anhang »Der Internationale Kodex«). Dieser Kodex wurde 1981 an der Vollversammlung der WHO mit 118 Ja- und einer einzigen Nein-Stimme (derjenigen der USA) verabschiedet.[5]

Einer der ersten Multis, die den Kodex unterzeichneten, war *Nestlé*. Doch seither decken das IBFAN und andere

Nichtregierungsorganisationen wie die Erklärung von Bern oder Greenpeace rund um die Welt immer wieder Verstöße von *Nestlé* gegen den Verhaltenskodex auf.[6] Die Vereinten Nationen gingen in einer Schätzung 1993 davon aus, dass die Sterblichkeitsrate von Kindern aus armen Ländern, die mit dem Fläschchen ernährt wurden, fünfundzwanzigmal höher liegt als bei Kindern, die als Säugling gestillt wurden, und nannten die dramatische Zahl von 1,5 Millionen Toten jährlich![7] Diese alarmierenden Zahlen von auf unsachgemäße Verwendung des Muttermilchersatzes zurückgehenden Todesfällen sind nach wie vor aktuell[8] und stoßen bis in die Reihen von *Nestlé* hinein auf Unwillen. Während der Generalversammlung Anfang Juni 1999 kritisierten zwei Aktieninhaber die *Nestlé*-Strategie, firmeneigene Produkte mit Hilfe von Werbung und Sponsoring in medizinischen und paramedizinischen Kreisen anzupreisen und den Frauen zu empfehlen, dass sie auf das Stillen verzichten, was zur Erhöhung des Sterblichkeitsrisikos beiträgt.[9]

Hinzu kommen in letzter Zeit fragwürdige Vorfälle rund um Ablaufdaten von Milch, in die *Nestlé* verwickelt sein soll. Im November 2002 beschlagnahmte die Polizei in Kolumbien 200 Tonnen aus Uruguay importiertes *Nestlé*-Milchpulver mit abgelaufenem Verbrauchsdatum.[10] Laut Auskunft von Angel Maria Caballero, dem Vorsitzenden des kolumbianischen Verbands zum Schutz der Landwirtschaft, importierte der Multi Milch aus Uruguay und überklebte das abgelaufene Datum mit neuen Etiketten. In Afrika wurde die *Nestlé*-Niederlassung in Kamerun Anfang 2003 vom örtlichen Unternehmen *Codilait* angeklagt, »Falschmilch« zu importieren und zu Dumpingpreisen zu verkaufen.[11] Der Konsum dieser Milchersatzprodukte sei laut *Codilait* gesundheitsschädigend. *Nestlé* wies die Anschuldigungen zurück, wurde jedoch vor ein Kameruner Gericht zitiert. Das Verfahren läuft noch. Ein Urteil wird im Laufe des Jahres 2005 erwartet.

Heute kontrolliert *Nestlé* rund 40 Prozent des Weltmarktes für Pulvermilch und hält bei Kindernahrungsmitteln je nach Land einen Anteil von 35 bis 50 Prozent.

Weiterführende Websites zum Thema

- Aktionsgruppe Babynahrung e.V. (AGB): www.babynahrung.org/schwerpunkt/schwer.htm
- Nestlé-Boykott-Nachrichten: www.babynahrung.org/start-boykott-nachrichten/boykottstart.htm
- Internationales Aktionsnetzwerk Säuglingsnahrung (IBFAN): www.ibfan.org/german/issue/code01-de.html
- Erklärung von Bern: www.evb.ch (besonders: www.evb.ch/index.cfm?page_id=3240

8 Schluss

Wie alle Multis legt *Nestlé* großen Wert auf ihr Image. Um möglichst hohe Gewinne zu erzielen, müssen Konzerne einen guten Ruf bei AktionärInnen, KundInnen und KonsumentInnen haben. In diesem Sinn ist das Schweizer Unternehmen unaufhörlich bemüht, sein Image aufzupolieren. *Nestlé* überschwemmt die Medien mit Logos, Werbung und Erklärungen, die der ganzen Welt das Bild eines mustergültigen Unternehmens vermitteln sollen, das gesunde, qualitativ hochwertige und sichere Lebensmittel und Getränke herstellt, die Umwelt schont, das Arbeitsrecht und die Menschenrechte einhält. Fast könnte der Eindruck entstehen, beim Nahrungsmittelmulti handle es sich um eine wohltätige Institution, die seit mehr als einem Jahrhundert zum Wohl der Menschheit im Einsatz ist.

Wie die in diesem Band versammelten Beiträge zeigen, sieht die Realität ganz anders aus. Während *Nestlé* gigantische Profite einstreicht, wird das Unternehmen in verschiedenen Weltteilen beschuldigt, das Arbeitsrecht mit Füßen zu treten und elementare Grundsätze des Respekts gegenüber Beschäftigten zu verletzen. Zudem beteiligt sich der Konzern an einem der abstoßendsten Unterfangen der heutigen Gesellschaft: der Privatisierung des überlebenswichtigen Allgemeinguts Wasser. In einem anderen Bereich profitiert *Nestlé* vom dramatischen Verfall der Kaffeepreise, die nicht einmal mehr die Herstellungskosten decken und Hunderttausende Bauern und Bäuerinnen in schlimmstes Elend stürzen. Bei Milchpulver bedient sich *Nestlé* aggressiver Vermarktungsstrategien in Ländern, denen es an dem zur Zubereitung dieses Nahrungsmittels notwendigen sauberen Trinkwasser fehlt, was tödliche Folgen haben kann. Nicht zuletzt bringt *Nestlé* bei den in Ländern des Südens verkauften Produkten genmanipulierte Substanzen in Umlauf, deren langfristige Risiken für die Erde und ihre BewohnerInnen heute unabsehbar sind, und nützt dafür lasche Gesetzgebungen oder das Fehlen von einschlägigen Bürgerinitiativen aus. Alles in allem lässt sich sagen, dass für *Nestlé* die Maximierung des Profits Vorrang vor allen anderen Erwägungen sozialer oder ökologischer Natur hat.

Und dennoch regt sich, wie wir gesehen haben, rund um die Welt in Ländern mit *Nestlé*-Niederlassungen Protest und organisiert sich der Widerstand – und dieser ist manchmal sogar von Erfolg gekrönt. In diesem Zusammenhang sei noch einmal an die Kampagnen in Brasilien, den Vereinigten Staaten und der Schweiz gegen die Inbesitznahme gigantischer Wasserressourcen durch den Schweizer Konzern erinnert. Im einen Fall kündigte *Nestlé* daraufhin an, der Konzern wolle sich aus der fraglichen Region zurückziehen, im anderen gab ein Gericht einer Bürgerinitiative Recht und verpflichtete *Nestlé* zur Schließung einer Fabrik, im dritten hinderte eine Bürgerinitiative, in der Attac eine wichtige Rolle spielt, den Konzern daran, die Konzession für eine Quelle zu erwerben. In Südkorea sah sich die Unternehmensleitung nach fünf Monaten Streik gezwungen, ein Abkommen zu unterzeichnen, das bessere Arbeitsbedingungen in einer Produktionsstätte vorsieht. So selten diese Erfolge sind, zeigen sie doch, dass es manchmal gelingt, gegenüber einem der mächtigsten globalen Wirtschaftsakteure elementare soziale Rechte durchzusetzen.

Eine Strategie von *Nestlé* im Kampf gegen diesen Widerstand ist, jede Verantwortung für das, was sich in den verschiedenen *Nestlé*-Fabriken in aller Welt abspielt, unter dem Vorwand zurückzuweisen, die Direktoren und Niederlassungen seien für die lokalen Probleme zuständig. In seinen Unternehmensgrundsätzen und im Umgang mit den AktionärInnen präsentiert sich der Konzern dagegen als einheitlich und zentralistisch. In diesem Sinn schien es uns sinnvoll, in diesem Band die verschiedenen Informationen über das Wirken des Konzerns in aller Welt zusammenzutragen, um das Bild vom *Nestlé*-Imperium so gut wie möglich zurechtrücken und abrunden zu können. Denn wir erachten es als entscheidend, die Informationen und wenn möglich die verschiedenen Mobilisierungen von Bürgerinitiativen, Gewerkschaften, Beschäftigten und KonsumentInnen gegen einen der größten Multis, dessen Wirken repräsentativ ist für eine vom Neoliberalismus beherrschte Welt, auf internationaler Ebene miteinander zu verknüpfen.

Mit diesem Buch verbinden wir nicht zuletzt eine Hoffnung: Im Jahr 2000 beschloss der Wissenschaftliche Beirat von Attac Frankreich, »eine nationale Untersuchung über das Funktionieren, die Rolle und die Bedeutung der französischen Multis« in Angriff zu nehmen, um konkret zeigen zu können, welchen Platz diese in der Entwicklung der neoliberalen Globalisierung einnehmen. Der Finanzplatz Schweiz zählt, wie wir wissen, zu den bedeutendsten Bankenplätzen der Welt, ist führend in der Verwaltung von

Privatkapital und zudem ein notorisches Steuerparadies. Viele Schweizer Multis zählen in ihrem Segment zur Weltspitze – neben *Nestlé* beispielsweise die *Holcim*-Gruppe in der Bauwirtschaft und der Pharmariese *Novartis*. Es ist an der Zeit, dass auch hier eine Untersuchung über das Funktionieren, die Rolle und die Bedeutung der schweizerischen Multis in Angriff genommen wird.

Anhang

Anmerkungen

Einleitung

1 So die Bezeichnung von Jean Ziegler in einem seiner jüngsten Werke, *Die neuen Herrscher der Welt – und ihre globalen Widersacher,* München 2003.

2 Insbesondere an den Wirtschaftstreffen wie dem Weltwirtschaftsforum, das im schweizerischen Davos stattfindet, aber auch an verschiedenen lokalen Ablegern. Erinnert sei an das Treffen in Jordanien im Jahr 2003.

3 Vgl. Attac, »Riches et pauvres«, 12.12.2002, in: www.france.attac.org/a1370, besucht am 17.4.2004.

4 Vgl. insbesondere Attac, *Enquête au coeur des multinationales,* Paris 2001; Attac, *Remettre l'OMC à sa place,* Paris 2001; Attac, *Quand les femmes se heurtent à la mondialisation,* Paris, November 2003.

5 Was medizinische und biologische Zeitschriften betrifft, sind die Artikel vielfach kostenpflichtig.

6 John Madeley, *Hungry for trade. How the poor pay for free trade.* London 2000. Vgl. auch die englische Homepage des World Food Programme: www.wfp.org, besucht am 23.4.2004.

1. Kapitel

1 An einer Pressekonferenz in Zürch am 6. Mai 1997, vgl. *24heures* vom 7.5.1997.

2 »Die 500 größten Unternehmen Europas«, www.handelsblatt.com/pshb/fn/relhbi/sfn/buildhbi/GoPage/200012,201312/SH/0/depot/0/index.html, besucht am 24.2.2005.

3 Vgl. *Le Temps* vom 24.4.2003.

4 Die Angaben dieses Kapitels sind entnommen aus Christiane Fritz, *Nestlé 1913–1920: la concentration dans l'industrie mondiale des laits,* unveröffentlichte Lizenziatsarbeit in Geschichte unter der Aufsicht von Prof. S. Guex, Universität Lausanne, Oktober 2001.

5 In Anlehnung an den Titel des Buchs von Pierre Harrisson, *Das Imperium Nestlé. Praktiken eines Nahrungsmultis am Beispiel Lateinamerika*, Rotpunktverlag, Zürich 1986.

6 Ein Beispiel einer solchen apologetischen Geschichtsschreibung ist das oft als Standardwerk über das Unternehmen zititerte Buch von Jean Heer, *Nestlé, Cent vingt-cinq ans (de 1866 à 1991)*, Vevey [Nestlé SA] 1991.

7 Vgl. Pierre Harrisson, *Das Imperium Nestlé ...*, a.a.O., S. 32f.

8 Vgl. Confédération paysanne (Frankreich), Februar 2003, »Nestlé et OMC. Un mariage d'amour au profit de quelques-uns«, S. 1 ff. unter: www.agripress.be/start/artikel/27438/fr.

9 Vgl. *24heures* vom 6.6.1996.

10 Vgl. *Le Temps* vom 27.4.1998.

11 Vgl. *24heures* vom 21.1.1999.

12 Vgl. *Le Temps* vom 16.4.2000.

13 EBITA: Betriebsergebnis vor Zinsen, Steuern und Abschreibungen auf Goodwill.

14 Vgl. Nestlé, »Geschäftsbericht 2002, Konsolidierte Geschäftsrechnung/Finanzielle Berichterstattung«, S. 3 und S. 56, unter: www.ir.nestle.com/NR/rdonlyres/537ED2B0-024C-44F1-9A0B-4FA73D1DF97D/0/2002_FinancialStatement.pdf; *Geschäftsbericht 2003*, »Konsolidierte Geschäftsrechnung/Finanzielle Berichterstattung«, S. 3 und 62, unter: www.ir.nestle.com/NR/rdonlyres/D2768503-3400-428C-80AD-D7DF2B3124F8/0/2003_FinancialStatement.pdf; www.financial.de/newsroom/schweiz/29672.html, besucht am 25.2.2005.

15 Vgl. Nestlé, »Presseerklärung von Donnerstag, 26.2.2004, S. 1, unter: www.nestle.ch/files/pdf/de/pre/Com_D_2004-02-26_RESULTS2003.pdf

16 Vgl. *Bilan, Le magazine économique suisse*, Nr. 11, November 2003, S. 53.

17 Wenn nicht anders angegeben, stammen die Angaben über den momentanen Verwaltungsrat aus Nestlé, »Bericht zur Corporate Governance 2002« in: www.ir.nestle.com/NR/rdonlyres/08A0517A-AAD4-4556-80D3-C77938A255FD/0/2002_CG_Report.pdf (Ergänzungen aus: www.ir.nestle.com/NR/rdonlyres/DD92D599-2FE9-4E60-83C4-6CBF4139920D/0/07_CG_Report_July04_en_sw.pdf (Englisch) bzw. www.ir.nestle.com/NR/rdonlyres/43BE8472-31D6-47E3-96C6-AB204541AC4F/0/2003_ManagementReport_3_Directors.pdf [deutsch]) und von

folgenden Homepages: www.transnationale.org, besucht am 8.9.2003, und www.corporatewatch.org.uk, besucht am 16.12.2003.

18 »Konzernrechnung der Nestlé-Gruppe 2003«, S. 50f., unter: www.ir.nestle.com/NR/rdonlyres/D2768503-3400-428C-80AD-D7DF2B3124F8/0/2003_FinancialStatement.pdf.

19 Der Kurs der Nestlé-Aktien lag 2003 bei 309 CHF.

20 Vgl. *NZZ* vom 19.1.2005.

21 www.bilan.ch/bilan/enjeux/avril_03_50_plus_puissants.html, besucht am 21.2.2004.

22 Vgl. *Le Temps*, 5.6.1997.

23 »Konzernrechnung der Nestlé-Gruppe 2003«, S. 50f., in: www.ir.nestle.com/NR/rdonlyres/D2768503-3400-428C-80AD-D7DF2B3124F8/0/2003_FinancialStatement.pdf. bzw. Bericht zur Corporate Governance 2003, S. 22, unter: www.ir.nestle.com/NR/rdonlyres/9C9B8F7F-A971-44C9-ACD7-F27E4EB96550/0/2003_CG_Report_2003.pdf.

24 www.corporateeurope.org/lobbycracy.html. Website des ERT: www.ert.be.

25 Vgl. Belén Balanyá, Ann Doherty, Olivier Hoedeman, Adam Ma'anit, Erik Wesselius, *Konzern Europa. Die unkontrollierte Macht der Unternehmen*, Rotpunktverlag, Zürich 2001. Darin vor allem das Kapitel »Der ERT schreibt das Drehbuch«, S. 35–74. (Die AutorInnen sind Mitglieder von Corporate Europe Observatory (CEO).

26 Balanyá u.a., *Konzern Europa*, a.a.O, vgl. das Kapitel »Die TEN [Transeuropäischen Netze] und die Verkehrs- und Transportlobby«, S. 123–138.

27 www.bilan.ch/bilan/enjeux/avril_03_50_plus_puissants.html, besucht am 14.3.2004.

28 www.ert.be/pb/pbb/enbb_frame.htm.

29 Vgl. Confédération paysanne (Frankreich), Februar 2003, »Nestlé et OMC …«, a.a.O. S. 1 und S. 5f.

30 Ebd, S. 1.

31 Vgl. Nestlé, Pressemitteilung, www.nestle.ch/files/pdf/de/pre/Com_D_2004-02-26_RESULTS2003.pdf.

32 »Bericht zur Corporate Governance 2002«, S. 16, unter: www.ir.nestle.com/NR/rdonlyres/08A0517A-AAD4-4556-80D3-C77938A255FD/0/2002_CG_Report.pdf, besucht am 23.11.2004.

33 Vgl. »Nestlé, Konzernrechnung 2003«, S. 46, unter: www.ir.nestle.com/NR/rdonlyres/537ED2B0-024C-44F1-9A0B-4FA73D1DF97D/0/2002_FinancialStatement.pdf, besucht am 23.11.2004.

34 Vgl. www.corporatewatch.org.uk/profiles/food_supermarkets/nestle/nestle3.html, besucht am 23.11.04: »Nestlé has about 250 000 shareholders, none of whom individually own more than 3 % of the shares. As of December 31, 2003, Swiss investors held the major part of the stock (42 %) followed by US citizens (22 %) and British (10 %), French (8 %), and German (5 %) shareholders.«

35 Vgl. *24heures* vom 6.4.2001.

36 Vgl. Kapitel 7 in diesem Buch.

37 Vgl. »Nestlé, Geschäftsbericht 2002«, S. 3, unter: www.ir.nestle.com/NR/rdonlyres/08A0517A-AAD4-4556-80D3-C77938A255FD/0/2002_CG_Report.pdf.

38 123 Milliarden Französische Francs, vgl. *L'Humanité* vom 11.01.2001.

39 Die 2003 ausbezahlte Dividende betrug 7,20 CHF pro Aktie, für das Jahr 2004 wurde sie auf 8 CHF erhöht.

40 www.nestlepress.com, besucht am 14.2.2004.

41 www.forbes.com/best/2001/0521/086.html, besucht am 14.2.2004.

42 Eine umfassendere Liste der *Nestlé* gehörenden oder mit dem Konzern verbundenen Marken findet sich im Anhang.

43 Vgl. Kapitel 6 in diesem Buch.

44 Vgl. Kapitel 2 in diesem Buch, das Beispiel eines chinesischen Unternehmens, das *Nesquik*-Hasen erzeugt.

45 Nestlé, »Geschäftsbericht 2002, Konzernrechnung/Finanzberichterstattung«, a.a.O., S. 56f, unter: www.ir.nestle.com/NR/rdonlyres/537ED2B0-024C-44F1-9A0B-4FA73D1DF97D/0/2002_FinancialStatement.pdf.

46 Edicom, 23.01.2003, »Nestlé rachète les glaces Mövenpick: fermeture de Bursins«, in: www.transnationale.org/viewtopic.php?p=2010, besucht am 8.9.2003.

47 Nestlé, »Management Report 2003«, S. 17, unter: www.ir.nestle.com/Stock_Financials/Management_Reports/2003/2003+Management+Report.htm.

48 www.financial.de/newsroom/schweiz/29672.html, besucht am 15.3.2005.

49 Nestlé, »Management Report 2003«, a.a.O., S. 50.

50 Nestlé, »Geschäftsbericht 2003, Konsolidierte Geschäftsrechnung/Finanzielle Berichterstattung«, S. 21, unter: www.ir.nestle.com/NR/rdonlyres/D2768503-3400-428C-80AD-D7DF2B3124F8/0/2003_FinancialStatement.pdf

51 Ebd.

52 www.transnationale.org/conso/226887483.html, besucht am 14.03.2005.

2. Kapitel

1 Vgl. Judith Richter, *»We the Peoples« or »We the Corporations«. Critical reflections on UN-Business partnerships,* IFBAN-GIFA, Genf, Januar 2003, S. 45f.

2 Nestlé-Unternehmensgrundsätze, November 2004, S. 13, unter: www.nestle.ch/files/pdf/de/positionstatement.pdf.

3 Vgl. Actares, *Vergleich der Nachhaltigkeitsberichte von sechs Schweizer Großunternehmen nach den Vorgaben der Global Reporting Initiative,* März 2003.

4 Ebd, S. 10, unter: www.actares.ch/D/framesetD.htm, besucht am 4.1.2005.

5 Vgl. »UK Democracy Pic«, unter: www.foe.co.uk/resource/briefings/uk_democracy_plc.pdf, besucht am 30.4.2003, S. 19f.

6 Vgl. »Philippines: Rapport annuel des violations des droits syndicaux (2003)« auf der Website des Internationalen Bundes freier Gewerkschaften, unter: www.icftu.org/displaydocument.asp?Index=991218117&Language=Fr, besucht am 4.1.2005.

7 Website des Internationalen Bundes freier Gewerkschaften (IBFG), »Equateur: Rapport annuel des violations des droits syndicaux (2002)«, unter: www.icftu.org/displaydocument.asp?Index=991215841&Language=FR, besucht am 4.1.2005.

8 Siehe Website des Internationalen Bundes freier Gewerkschaften, unter: www.icftu.org/displaydocument.asp?Index=991017083&Language=EN, besucht am 4.1.2005.

9 Vgl. »Nestlé menace de se retirer de Corée du Sud«, 3.9.2003, »Nestlé ne va pas se retirer de Corée du Sud«, 3.9.2003, »Nestlé

assure vouloir rester en Corée du Sud«, 3.9.2003, »La grève continue chez Nestlé en Corée du Sud«, 23.11.2003, »Accord trouvé entre Nestlé Korea et le syndicat après cinq mois de grève«, 28.11.2003, unter: www.swissinfo.org; »Protest gegen Nestlé in Korea«, *Effat Express*, 37. Woche – 2003, 11.9.2003, unter: www.effat.org/2/2_1/Files%20DE/2003/DE-express%2037 %20030912%20final%20.pdf, besucht am 4.1.2005.

10 Siehe »Protest gegen Nestlé Korea«, *Effat Express*, a.a.O.

11 Menschenrechtskommission des Wirtschafts- und Sozialrats der Vereinten Nationen, Protokoll der 52. Sitzung des Unterausschusses für Menschenrechte, 28.9.2000, S. 2, unter: www.unhchr.ch/Huridocda/Huridoca.nsf/0/73a6ed90118741a2 c12569a0005ed352/$FILE/G0014763.doc, besucht am 4.1.2005.

12 Vgl. unter anderem www.transnationale.org; *Le Temps* vom 13.4.2002; *Le Temps* vom 1.4.2003.

13 *Le Temps* vom 13.4.2002.

14 Vgl. insbesondere *L'Humanité*, 24.11.2003; *Le Monde*, 13.1.2004; *Libération*, 6.3.2004; *Le Monde*, 16. und 17.3.2004.

15 *Le Monde*, 16.3.2003.

16 Vgl. *Libération*, 6.3.2003.

17 *Le Monde*, 16.3.2003.

18 *Le Monde*, 17.3.2003.

19 Vgl. Nestlé, *Geschäftsbericht 2003*, a.a.O.

20 *Le Monde*, 17.3.2003.

21 Pit Wuhrer, »Streik bei Maggi. Und von Knorr die Suppe«, in: *Die Wochenzeitung WOZ*, 23.9.2004, unter: www.woz.ch/dossier/nestle/10540.html; Labournet, unter: www.labournet.de/branchen/sonstige/nestle.

22 »Nestlé-Unternehmensgrundsätze«, November 2004, S. 14, unter: www.nestle.ch/files/pdf/de/positionstatement.pdf

3. Kapitel

1 Vgl. www.nestle.com.co/historia.htm, konsultiert am 14. März 2005.

2 Andere Konflikte gibt es in Jamaika, Südafrika, Kanada, auf den Philippinen etc. Vgl. »Empêtré dans les grèves, le géant Nestlé menace les syndicats sud-coréens«, in: *Le Courrier*, 4.9.2003. Wir stützen uns für dieses Kapitel hauptsächlich auf Berichte der für *Nestlé* zuständigen Gewerkschaft in Kolumbien, SINAL-

TRAINAL, und auf Berichte der schweizerischen NGO Arbeitsgruppe Schweiz–Kolumbien (ASK).

3 www.nestle.com.co/historia.htm.

4 Heute ein Joint Venture mit Fonterra.

5 SINALTRAINAL, »Historia de un conflicto social en Colombia«, Bogotá, Oktober 2002, S. 4.

6 Benoît Guillou, »Clameurs de paix en Colombie«, in: *Manière de voir*, 69, Juni/Juli 2003, S. 46.

7 Stephan Suhner, »Auszüge aus der Nestlé-Aktionärsversammlung vom 3. April 2003 in Lausanne« (ASK, April 03, nicht veröffentlicht), S. 2.

8 SINALTRAINAL, »El tren de la muerte laboral en *Nestlé*«, Conflicto Cicolac Ltda, Bogotá, 24.9.2003.

9 SINALTRAINAL, »El amargo sabor de la leche«, Bogotá 2003, S. 14; Stephan Suhner, »Eskalation des Arbeitskonflikts bei der *Nestlé*-Tochter CICOLAC S.A.«, unter: www.kolumbien-aktuell.ch/home/Das%20Schiedsverfahren%20zum%20Arbeitskonflikt%20bei%20CICOLAC.html, besucht am 4.1.2005.

10 Stephan Suhner, »Der Schweizer Grosskonzern *Nestlé* in Kolumbien« (ausführliche Version) vom 30.3.2003, unter: http://www.kolumbien-aktuell.ch/home/NestleInKolumbien_lang.html, besucht am 8.12.2004.

11 Sandara Santiago, »Sindicato de CICOLAC, denuncia amenazas«, in: *Vanguardia liberal*, Bucaramanga, 11.05. 2002.

12 »Exposé écrit, présenté conjointement par Centre Europe – Tiers Monde (CETIM), organisation non gouvernementale dotée du statut consultatif général et l'Association Américaine de Juristes, organisation non gouvernementale dotée du statut consultatif spécial«, zu Punkt 4 (»Les droits économiques, sociaux et culturels«) des erweiterten Vorschlags der Tagesordnung der 55. Session (28.7.–15.8.2003) des Unterausschusses für die Förderung und den Schutz von Menschenrechten der UN-Menschenrechtskommission, unter: http://www.unhchr.ch/huridocda/huridoca.nsf/(Symbol)/E.CN.4.Sub.2.2003.NGO.21.Fr?Opendocument; siehe auch: Brief von SINALTRAINAL an Victor Christen, Schweizer Botschafter in Kolumbien, 14.6.2002; Stephan Suhner, »Der Schweizer Grosskonzern ...«, a.a.O., S. 4.

13 »Exposé écrit ...«, a.a.O.

14 Vgl. Felipe Polania Rodríguez/Barbara Rimmal, »Nestlé in Kolumbien – nachhaltige Zerstörung«, in: *Widerspruch*, Nr. 47, 2004, S. 137ff.

15 Stephan Suhner, »Der Schweizer Großkonzern *Nestlé* ...«, a.a.O., und SINALTRAINAL, »El tren ...«, a.a.O.

16 Ana Patricia González, »SINALTRAINAL optó por el tribunal de arbitramento. Huelga en CICOLAC no va«, in: *El Pilón*, Valledupar, 25.4.2002.

17 Vgl. SINALTRAINAL: »El amargo ...«, a.a.O., S. 16.

18 Stephan Suhner, »Der Arbeitskonflikt bei der Nestlé-Tochter CICOLAC S.A. harrt weiterhin einer wirklichen Lösung«, Bericht ASK, Bern, 19.9.2003, S. 2, unter: www.kolumbien-aktuell.ch/home/cicolacger.html, besucht am 5.1.2005.

19 Pierre Rottet, »Le lait en poudre tourne en Colombie. Nestlé sous le coup d'une enquête pénale pour importation de denrées avariées«, in: *Le Courrier*, 25.11.2003; SINALTRAINAL, »El amargo ...«, a.a.O., S. 16.

20 Stephan Suhner, »Das Schiedsverfahren zum Arbeitskonflikt bei CICOLAC, Deutsche Zusammenfassung der Erwägungen und der Urteile des Schiedsgerichtes und des Obersten Gerichts«, Bericht ASK, April 2004, S. 3f.

21 SINALTRAINAL, »El tren ...«, a.a.O., Punkt 65.

22 Stephan Suhner, »Eskalation des Arbeitskonflikts bei der *Nestlé*-Tochter CICOLAC S.A.«, Bericht ASK, Bern, 25.5.2003, S. 1.

23 Ebd.

24 Stephan Suhner, »Der Arbeitskonflikt ...«, a.a.O., S. 3.

25 Das Schiedsverfahren zum Arbeitskonflikt bei *Cicolac*. Deutsche Zusammenfassungen der Erwägungen und der Urteile des Schiedsgerichtes und des Obersten Gerichts, 2.4.2004, www.kolumbien-aktuell.ch.

26 Stephan Suhner, »Auszüge aus der Nestlé-Aktionärsversammlung ...«, a.a.O, S. 2.

27 *Nestlé Colombia* als kolumbianische Tochtergesellschaft mit Sitz in Bogotá.

28 Stephan Suhner, »Auszüge aus der Nestlé-Aktionärsversammlung ...«, a.a.O., S. 4.

29 SINALTRAINAL, »El amargo ...«, a.a.O., S. 15 und 17.

30 Pierre Rottet, »Le lait ...«, a.a.O.

31 Brief von Peter Brabeck-Letmathe an Stephan Suhner, Arbeitsgruppe Schweiz–Kolumbien, 3.10.2003.

32 Benito Perez, »Coca-Cola met sa bête noire syndicale dans les cordes«, in: *Le Courrier,* 14.10.2003.

33 Arbeitsgruppe Schweiz–Kolumbien, »Neuste Entwicklung bei Nestlé de Colombia«, 3.4.2004, www.kolumbien-aktuell.ch

34 Protokoll der Nestlé-Aktionärsversammlung, Palais de Beaulieu, Lausanne, 22.4.2004. www.kolumbien-aktuell.ch

35 Verschiedene kolumbianische Zeitungsartikel sowie Mails von SINALTRAINAL, die der Arbeitsgruppe Schweiz–Kolumbien vorliegen.

36 SINALTRAINAL, »Situación de los Derechos Humanos, Bugalagrande Valle del Cauca«, Abril de 2004, 9 Seiten.

37 Arbeitsgruppe Schweiz–Kolumbien, »Neuste Entwicklung bei Nestlé de Colombia«, 3. 4. 2004. www.kolumbien-aktuell.ch

38 SINALTRAINAL, »La Lecherita. Historia de un conflicto social en Colombia«, Bogotá, Oktober 2002, S. 20.

39 Stephan Suhner, »Arbeitskonflikte, Menschenrechtsverletzungen und Gesetzesverstöße bei Nestlé de Colombia«, unter: www.kolumbien-aktuell.ch.

4. Kapitel

1 Presseerklärung: »Après la France, le Royaume-Uni, la Belgique et l'Allemagne, Nestlé retire les OGM de ses produits à Hong-Kong«, Hong-Kong, Paris, 10.2.2000, unter: www.greenpeace.fr/campagnes/cdp/ogm/O000210.htm, besucht am 3.1.2005

2 Vgl. »Maladies d'une économie folle«, *L'Atlas du monde diplomatique,* hg. von Gilbert Achcar, Alain Gresh, Jean Radvanyi, Philippe Rekacewicz und Dominique Vidal, Sonderausgabe von *Manière de voir,* Januar 2003, S. 64f.

3 Gentechnisch veränderte Organismen können in den von uns konsumierten Nahrungsmitteln in zweierlei Form vorkommen: in Produkten, die direkt der menschlichen Ernährung dienen, oder in Futtermitteln für Zuchttiere, deren Erzeugnisse wir konsumieren. Sofern nicht anders angegeben, geht es in diesem Kapitel nur um Produkte, die direkt der menschlichen Ernährung dienen.

4 Vgl. John Madeley, *Le commerce de la faim. La sécurité alimentaire à l'autel du libre-échange,* Paris, Enjeux Planète 2002, S. 156f.

5 Vgl. »Rétrospective 2003: encore une année du statu quo«, unter: www.infogm.org/article.php3?id_article=1440, besucht am 4.1.2005.

6 Vgl. John Madeley, a.a.O., S. 156.

7 Vgl. Dossier pédagogique: »OGM & Faim dans le monde«, unter: www.infogm.org/rubrique.php3?id_rubrique=297 und www.infogm.org/article.php3?id_article=1369, besucht am 4.1.2005.

8 Vgl. John Madeley, a.a.O., S. 156f.

9 Vgl. Robert-Ali Brac, Franck Seuret, *Graines suspectes. Les aliments transgéniques: une menace pour les moins nantis,* Enjeux planète, Paris, 2002.

10 Vgl. Dossier pédagogique: »OGM & Environnement. Les OGM dans l'environnement: la nature s'adaptera-t-elle?« unter: www.infogm.org/rubrique.php3?id_rubrique=298, besucht am 3.1.2005.

11 Vgl. Confédération paysanne (Frankreich), »Nestlé – OMC: Un mariage d'amour au profit de quelques-uns!« Februar 2003, S. 10, unter: www.suisse.attac.org/IMG/pdf/Nestle_le_dossier_noir.pdf, besucht am 4.1.2005.

12 Zur Person von Maucher vgl. Kapitel 1 in diesem Buch.

13 Vgl. Presseerklärung: »Après la France …« a.a.O.

14 Vgl. »Gentech in Nesquik: Chinesische Konsumentin klagt Nestlé ein und fordert Treffen mit Konzernchef Brabeck«, Zürich, Vevey, 16.12.2003, unter: info.greenpeace.ch/de/gentech/pressreleases/pr161203nestle, besucht am 4.1.2005.

15 Vgl. »OGM en Asie: Nestlé sort de ses gonds«, unter: www.swissinfo.org, 9.12.2002, besucht am 29.4.2004

16 Vgl. Fußnote 14 und »Une Chinoise s'attaque à Nestlé«, *24heures,* 17.12.2003.

17 Das gilt im Fall der *Nestlé*-Marken *Herta, Buitoni* (Schwein) und *Mannequin* (Milch). Vgl. auch »Essen ohne Gentechnik. Ein Einkaufsratgeber für gentechnikfreien Genuss«, unter: www.greenpeace.org/multimedia/download/1/684208/0/greenpeace_download_file, besucht am 4.1.2005.

5. Kapitel

1 Vgl. die Website von *Nescafé*, unter: www.nescafe.ch/de/coworld/cow_tre_par.asp, besucht am 5.1.2005.

2 Bezogen auf den Zeitraum Oktober 2004 bis Januar 2005, vgl. International Coffee Organisation, »Exports by exporting countries to all destinations«, www.ico.org/frameset/traset.htm, besucht am 28.2.2005.

3 *Le Temps*, 21.5.2003.

4 Bericht von Oxfam International, »Bitter! Armut in der Kaffeetasse«, 2002, www.oxfam.de/downloads/Kaffeestudie.pdf«, besucht am 4.1.2005.

5 Fabio Lo Verso, »Le café noircit la misère des pauvres«, in: *Le Courrier*, 20.9.2002, unter: www.lecourrier.ch/modules.php?op=modload&name=NewsPaper&file=article&sid=1797, besucht am 4.1.2005

6 Vgl. Nestlé, Geschäftsbericht 2003, a.a.O.

7 Bericht von Oxfam International, »Bitter! Armut in der Kaffeetasse« 2002, S. 17.

8 Fabio Lo Verso, »Le café noircit la misère des pauvres«, in: *Le Courrier*, 20.9.2002, unter: www.lecourrier.ch/modules.php?op=modload&name=NewsPaper&file=article&sid=1797, besucht am 4.1.2005; vgl. auch den Bericht von Oxfam International, »Bitter! Armut in der Kaffeetasse« 2002, S. 22.

9 Zahlen der Internationalen Kaffeeorganisation für Guatemala: »Prices paid to growers in exporting Member countries (monthly)«, www.ico.org, besucht am 10.12.2002.

10 Bericht von Oxfam International, »Bitter! Armut in der Kaffeetasse« 2002, S. 21.

11 Geneviève de Boeck, *Café Commerce. La bourse ou la vie, Oxfam,* Magasins du monde, Brüssel 2002.

12 Geneviève de Boeck, *Café Commerce,* a.a.O.

13 »Geschäftsbericht 2000«, S. 32, unter: www.ir.nestle.com/NR/rdonlyres/8108B504-EA25-4AA8-A205-B19F4B80B0C5/0/2000_ProductGroupDevelopment.pdf, besucht am 5.1.2005

14 Vgl. Nestlé, »Geschäftsbericht 2003«, Konzernrechnung, a.a.O., S. 21, unter: www.ir.nestle.com/NR/rdonlyres/D2768503-3400-428C-80AD-D7DF2B3124F8/0/2003_FinancialStatement.pdf, besucht am 5.1.2005.

15 Vgl. Nestlé, »Geschäftsbericht 2002«, a.a.O., S. 48, unter: www.ir.nestle.com/NR/rdonlyres/973983DA-435E-4E4E-9558-D4C8EEB0747D/0/2002_ProdukteUndMarken.pdf, besucht am 5.1.2005.

16 Vgl. die Max Havelaar-Website: www.maxhavelaar.ch

17 Thierry Brun, »Commerce équitable: le pouvoir des consommateurs«, in *Politis,* 1.5.2003.

18 Interview von Valérie Schandeler (Action solidarité Tiers-Monde, ASTM) mit Geneviève de Boeck, Forscherin bei Oxfam, unter: astm.lu/article.php3?id_article=702&astm_lang=fr, besucht am 4.1.2005.

19 Nestlé, »Bauern leiden heute unter niedrigen Kaffeepreisen. Was tun?«, Vevey, November 2003, S. 4, unter: www.nestle.com/NR/rdonlyres/B3821F77-8DBD-42C8-8945-1D60DCCC0878/0/Coffee_German.pdf, besucht am 4.1.2005

6. Kapitel

1 Zitiert nach: Carsten Matthäus , »Falsches Spiel mit kostbarem Wasser«, *Spiegel Online,* Der Marktforscher; unter: www.spiegel.de/wirtschaft/0,1518,169036,00.html, besucht am 4.1.2005.

2 »Bericht über die menschliche Entwicklung 2003«, S. 128f., UNDP, Berlin 2003, unter: http://hdr.undp.org/reports/global/2003/german/pdf/hdr03_ge_complete.pdf, besucht am 4.1.2005

3 Vgl. Mohamed Larbi Bouguerra, *Les batailles de l'eau. Pour un bien commun de l'humanité,* Enjeux planète, Paris 2003, S. 113.

4 Vgl. dazu Riccardo Petrella, *Wasser für alle. Ein globales Manifest,* Rotpunktverlag, Zürich 2000.

5 Raoul Marc Jennar, »L'eau, pétrole de demain?«, 11.9.2003, unter: www.oxfamsol.be/fr/article.php3?id_article=0007, besucht am 4.1.2005.

6 John Peet, »Priceless. A Survey of Water«, *The Economist,* 19.7.2003.

7 »Bericht über die menschliche Entwicklung 2003«, Kapitel 5 »Private Finanzierung und Bereitstellung von Gesundheit, Bildung und Wasser, S. 137ff., UNDP, Berlin 2003, unter: http://hdr.undp.org/reports/global/2003/german/pdf/hdr03_ge_complete.pdf, besucht am 4.1.2005. Vgl. auch Lisa Stadler/Uwe Hoering, *Das Wasser-Monopoly. Von einem Allgemeingut und seiner Privatisierung,* Rotpunktverlag, Zürich 2003.

8 Der amerikanische *Avalon Trust* hat unterdessen ebenfalls einen Wasser-Investmentfonds lanciert.

9 Vgl. Website von Pictet Fund: www.pictetfunds.com, besucht am 5.3.2005.

10 Vgl. J. Porier, »Duel entre Danone et Nestlé, Coca et Pepsi en embuscade«, unter: www.newsbourse.com, beucht am 15.9.2003; Tonkin, Samantha, »L'eau en bouteilles, un marché de géants«, *Swissinfo*, 17.3.2003, unter: www.swissinfo.org/sfr/swissinfo.html?siteSect=105&sid=1689993 bzw. www.swissinfo.org, besucht am 4.1.2005.

11 Vgl. Nestlé, »Geschäftsbericht 2003«, a.a.O.

12 Die Zahlen für 2004 vgl. www.financial.de/newsroom/schweiz/29672.html, besucht am 15.3.2005.

13 Vgl. Frederick Franklin, »Wasser-Privatisierung in Brasilien und der ›Fall‹ Nestlé«, unter: www.staytuned.at/sig/0025/32939.html, besucht am 4.1.2005; Erklärung von Bern, »Nestlés Wasserausbeutung in São Lourenço, Brasilien«, www.evb.ch/index.cfm?folder_id=390, 18.05.2004, 18.05.2004.

14 Fabio Lo Verso, »Nestlé parti, qui va payer les dégats?«, *Le Courrier*, 24.1.2004.

15 Dafne Melo, »Nestlé em cima da lei«, in: *Brasil de Fato*, 20.1.2005.

16 »Judge upholds Perrier well permit but orders more tests«, *U.S. Water News Online*, Februar 2002, www.uswaternews.com/archives/arcpolicy/2juduph2.html, besucht am 4.1.2005.

17 Keith Schneider, »Perrier vs. the People«, 30.10.2002, unter: www.alternet.org/story.html?storyID=14413, besucht am 4.1.2005.

18 Holly Wren Spaulding, »Busting the Water Cartel. A Report from Inside the Activist Coalition at the World Water Forum«, *Corpwatch.org*, 27.3.2003; Barlow, Maude, »The Tide is Heigh«, in: *The Guardian*, 26.2.2003, unter: www.guardian.co.uk, besucht am 4.1.2005.

19 Zitiert in: Dan Egan, »Bottler taps into trouble in Michigan«, *Journal Sentinel Milwaukee*, 10.1.2004, unter: www.jsonline.com/news/state/jan04/199128.asp, besucht am 4.1.2005.

20 Heather Bell, »Perrier pumping hard to swallow«, *Central Michigan Life*, 20.3.2004.

21 Zitiert in Dan Egan, »Bottler ...«, a.a.O.

22 Vgl. Pressemitteilung auf der Website der Michigan Citizens for Water Conversation: www.savemiwater.org, besucht am 5.3.2005.

23 Vgl. Nestlé, »Geschäftsbericht 2003«, a.a.O.; Terri Wolfe, »The Nestle Corporation is Abusing our Country's Most Important Natural Ressource«, unter: http://saveamericaswater.com/fl/index.html, besucht am 4.1.2005.

24 Vgl. dazu die Broschüre »L'Or bleu de Bevaix«, Attac Neuchâtel, Oktober 2001, unter: www.local.attac.org/neuchatel/docs/themeeau.htm, besucht am 5.3.2005.

25 Die Studie wurde 2001 durchgeführt. Zitiert in Brian Howard, »What's in your Bottled Water?«, 28.8.2003, Hartford Advocate, unter: www.hartfordadvocate.com bzw. www.hartfordadvocate.com/gbase/News/content?oid=oid:30865, besucht am 4.1.2005; und: Brian Howard »Message in a Bottle – Despite the Hype, Bottled Water is Neither CLEANER nor GREENER Than Tap Water«, unter: www.emagazine.com/view/?1125, besucht am 4.1.2005.

26 Ebd.

27 Ebd. d.h. www.hartfordadvocate.com/gbase/News/content?oid=oid:30865

28 Ernest Beck, »Popular Perrier – Nestlé pitches bottled water to world's poor«, *The Asian Wall Street Journal*, 23.6.1999, unter: www.financialexpress.com/fe/daily/19990623/fec23069.html, besucht am 4.1.2005.

29 Vgl. www.nestle-waters.com bzw. www.nestle-waters.com/fr/Menu/NWToday/OurMarkets/Asia%20-%20Oceania, besucht am 4.1.2005.

30 www.nestle-waters.com/fr/Menu/NWToday/OurMarkets/Middle-East%20%20Africa

31 Vgl. Nestlé, »Geschäftsbericht 2002«, a.a.O., S. 43, unter: www.ir.nestle.com/NR/rdonlyres/287B5FAB-9207-4F36-B816-8DA8583E3BD0/0/2002_NestleWaters.pdf, besucht am 4.1.2005.

32 Arbeitsgemeinschaft der Hilfswerke – Swissaid, Fastenopfer, Brot für alle, Helvetas, Caritas, unter: www.swisscoalition.ch/deutsch/pagesnav/H.htm bzw. Positionspapier »Für eine nachhaltige Wasserpolitik im Interesse der Öffentlichkeit«, unter: www.swisscoalition.ch/deutsch/files/T_WrFt.pdf, besucht am 4.1.2005.

7. Kapitel

1 Christina Drotz-Jonasson in: Erklärung von Bern, »Aktenzeichen Babynahrung ungelöst«, EvB-Dokumentation V/2004, S. 27.

2 Vgl. Christiane Fritz, *Nestlé 1913–1920* ..., a.a.O. S. 18f.

3 Global data bank on breastfeeding, WHO, 1996.

4 Gavin Yamey, »Nestlé accused of breaking international code«, *British Medical Journal*, Bd. 320 (2000), S. 468, unter: http://bmj.bmjjournals.com/cgi/content/full/320/7233/468/a, besucht am 4.1.2005.

5 Erklärung von Bern, »Aktenzeichen Babynahrung ...«, S. 14ff.

6 Vgl. die Website von IBFAN: www.ibfan.org/german/gategerman.html.

7 Unicef/WHO, Press Release, Februar 1993.

8 Vgl. »Ces Anglais qui boycottent Nestlé«, *La Liberté*, 14.3.2000.

9 Vgl. *24heures*, 4.6.1999.

10 Vgl. »Nestlé pris la main dans le cas«, 27.12.2002, unter: www.france.attac.org/a1580, besucht am

11 Vgl. »Anschuldigungen gegen *Nestlé* wegen ›Falschmilch‹«, *Neue Zürcher Zeitung*, 3.10.2003, unter: www.nzz.ch/2003/10/03/wi/page-newzzDLC11VYS-12.html, besucht am 4.1.2005 bzw. »*Nestlé* est accusé d'importer du faux lait au Cameroun«, 3.10.2003, unter: www.swissinfo.org.

Überblick über die Geschichte des Nestlé-Konzerns

1833 Der in einer reichen Familie in Frankfurt am Main geborene Heinrich Nestler geht wegen Revolutionsunruhen ins Exil nach Vevey, wo er sich später Henri *Nestlé* nennt.

1843 *Nestlé* übernimmt eine Essig- und Öl-Fabrik.

1860 Verbesserung der Anleitung zur Herstellung von Kindermehl, das vom Chemiker von Liebig erfunden wurde. Beginn der industriellen Herstellung dieses Produkts 1867.

1875 Henri *Nestlé* verkauft sein Unternehmen für eine Million CHF an drei Bekannte, die es in die Aktiengesellschaft *SA Farine Lactée Henri Nestlé* umwandeln.
Entwicklung des Rezepts zur Herstellung von Milchschokolade von Daniel Peter (aus dem Unternehmen *Peter, Kohler & Cailler*, das später zu einem wichtigen Zweig von *Nestlé* wird).

1890 Tod des Firmengründers Henri *Nestlé*.

1905 Erwerb von Beteiligungen am Unternehmen *Peter, Kohler & Cailler*.
Fusion mit der *Anglo-Swiss Condensed Milk Company*.
Beginn der Produktionsaufnahme auf internationaler Ebene mit der Eröffnung von Betrieben in Australien und Asien.

1910 Vertrieb der Produkte von *Peter, Kohler & Cailler*.

1914–1918 Sehr einträgliche Phase dank der Nachfrage nach Milcherzeugnissen und Milchersatzprodukten für Soldaten an der Front.

1921 *Nestlé* schreibt erstmals Verluste. In Reaktion auf diese Krise betraut die Direktion den Financier Louis Dapples mit der Umstrukturierung des Unternehmens und vor allem der Produktionsabläufe.

1929 Übernahme der Schokolade-Gruppe *Peter-Kohler-Cailler.*

1930er-Jahre Die brasilianische Regierung kontaktiert Louis Dapples, um einen Absatzmarkt für die Überschüsse aus der Kaffeeproduktion zu finden.

1938 Nach mehreren Jahren der Forschung wird der Löskaffee *Nescafé* auf den Markt gebracht.

1939–1945 Die Profite von *Nestlé* brechen ein; ein Teil der Direktion wandert in die Vereinigten Staaten aus (Stamford, Connecticut). Um Versorgungsengpässen zu begegnen, werden in den heute so genannten Schwellenländern, insbesondere in Südamerika, neue Fabriken eröffnet. Zu Kriegsende steigt der durch den Verkauf von *Nescafé* florierende Absatz von *Nestlé*-Produkten weltweit auf 225 Millionen US-Dollar (im Vergleich zu einem Nominalwert von 100 Millionen US-Dollar 1938).

1947 Die Fusion von *Nestlé* mit dem von Julius Maggi gegründeten, auf Instantsuppen (*Maggi*-Würfel) spezialisierten Unternehmen *Alimenta* zeugt von der beabsichtigten Diversifizierung im Nahrungsmittelsektor.

1950 Fusion mit *Crosse & Blackwell* (Konserven).

1963 Fusion mit *Findus* (Tiefkühlprodukte).

1971 Fusion mit *Libby's* (Fruchtsäfte).

1974 Während der Wirtschaftskrise der 70er-Jahre sieht sich *Nestlé* durch die steigenden Erdöl- und Rohstoffpreise (Kaffee, Kakao) und die Abwertung des Dollar (und der europäischen Währungen) gegenüber dem Schweizer Franken veranlasst, sich über den Nahrungsmittelsektor hinaus zu diversifizieren. *Nestlé* wird Hauptaktionärin von *L'Oréal* (Kosmetik) und erwirbt *Alcon Labs* (Pharmaunternehmen).

Ab 1980 Im Nahrungsmittelsektor wird weiterhin die Strategie von Unternehmenskäufen verfolgt als nicht gewinnbringend eingeschätzte Teile werden abgestoßen.
Nestlé erwirbt 1985 *Carnation,* 1988 *Buitoni-Perugina* und *Rowntree,* 1989, *Thomy & Franck,* 1992 *Perrier-Vittel* und *Hirz,* 1997 *San Pellegrino,* 2000 *Powerbar,* 2001 *Ralston Purina,* 2002 *Dreyer's* und *Chef America* etc. (eine umfassende Liste findet sich auf den folgenden Seiten).

Quellen: www.nestle.ch; www.ir.nestle.com; Nicolas Zeitoun in *Le Courrier*, 22.8.2003; ww.swissworld.org

Liste der Nestlé gehörenden oder angeschlossenen Marken

Aberfoyle Springs
Accurus
Acqua Brillante
AcrySoft
Aero
After Eight
Alcon
Alemagna
Alpo
Alsoy
Antica Gelateria
del Corso
Aquarel
Arrowhead
Baby Ruth
Baci
Bakers Complete
Beggin' Strips
Beneful
Bärenmarke
Bear Brand
Belté
Berni
Biotherm
Blaue Quellen
Bolino
Bonka
Branston
BSS+
Buitoni
Butterfinger
Buxton
Cacharel Parfums
Cailler
Calistoga
Camy
Carlos V
Carnation
Caro
Carola
Cérélac
Cetaphil
Cheerios
Chef
Chef America
Chew-rific
Chino
Chocapic
Chocolate Clusters
Chocstick
Chokito
Chupate el Dedo
Ciloxan
Ciocoblocco
Claudia
Clerz Plus
Clinutren
Coffee-Mate
Condipasta
Condiriso
Contadina
Contrex
Cookie Crisp
Crosse & Blackwell
Crunch
CustomCornea
Custom Pak
Dairy Farm
Dancow
Davigel
Deer Park
Differin
Diger Selz
Dreyer's
Drumstick Royale
E. Wedel
Ecco Franck
Excelsia
Extrême Mini Mini
Fancy Feast
Felix
Fibre 1
Fido
Frigor
Friskies
Frubetto
Fruit Joy
Fruttolo
Fürst Bismarck
Galak
Gale's
Garnier
Garoto
Gervais
Giara
Gingerino Recoaro
Giorgio Armani
Parfums
Giulia
Gloria
Golden Grahams
Gourmet
Guidoz
Häagen Dazs
Helena Rubinstein
Herta
Hills Brothers'
Innéov Firmness
Kiehl's
Kit Kat
Kix
La Cremeria
Lactogen
LADARVision
La Laitière
La Lechera
Lancôme
La Roche-Posay
La Valle degli Orti
LC1
Lean Cuisine
Legacy 20000
Le Ore Liete
Levissima
Libby's
Limpia
Lion
Loceryl
Lora Recoaro
L'Oréal
Loumidis
Mac'ani

Maggi
Magnolia
Malto Kneipp
Mare Fresco
Matrix
Maybelline
Metro/Rozex
Mighty Dog
Milkmaid
Milo
Mirage
MJB
Molico Beauty
Mont Blanc
Motta
Mövenpick
Mousline
Munch Bunch
Naleczowianka
Nan
Nescafé
Nescau
Nespray
Nespresso
Nesquik
Nestéa
Nestlé
Nestum
Nico
Nidal
Nidina
Nido
Ninho
Nutren
Nutren Activ
Nutren Mageu
Nuts
Omega Complete
ONE
One-to-One
Optanol
Opti-Free Express No Rub
Orion
Ortega
Orzoro
Ozarka
Panna
Patanol
Pejo
Peptamen
Perrier
Perugina
Pezzullo
Plancoët
Poland Spring
Polo
Power Bar
Pracastello
Pria
Pro Plan
Pure Life
Purina
Quality Street
Ralph Lauren Parfums
Ralston Purina
Recoaro
Redken
Ridoffy
Ricoré
Rolo
Rossiya
Rowntree Macintosh
San Bernardo
San Pellegrino
Sanbitter
Sandalia
Santa Maria
Santa Rica
Sarson's
Sasso
Sassonaise
Schoeller
Shu Uemura
Ski
Slowfire Classics
Smarties
Soft SheenoCarson
Spiderman
Spillers
Stouffer's
Sunbitter
Sundae
Sun-Pat
Surgela
Sveltesse
Taster's Choice
Tears Naturale
Thomy
Tidy Cats
Tione
TobraDex
Toll House
Totole Group
Tri-Luma
Travatan
Trio
Ulmeta
Vera
Vichy
Viscoat
Vittel
Waistline
Willy Wonka
Winiary
Wisker Lickin's
Wonka
Yes
Yoko
Zephyrhills
Zoe

Quelle: www.transnationale.org und Nestlé-Geschäftsbericht 2002)

Der Internationale Kodex für die Vermarktung von Muttermilchersatzprodukten

Am 21. Mai 1981 verabschiedet die Vollversammlung der Weltgesundheitsorganisation (WHO) einen internationalen Verhaltenskodex für die Vermarktung von Muttermilchersatzprodukten (vollständiger Text siehe www.ibfan.org/german/resource/who/fullcode-de.html). Er beinhaltet einen Minimalkatalog an rechtlichen Bestimmungen, die von allen Regierungen angenommen werden sollten. Der Kodex verbietet jede Form von Werbung für Milchpulver und andere Ersatzprodukte für Muttermilch. In einer nachträglich ergänzten Resolution wird auch das Verschenken von Babymilchproben in Spitälern verboten.

Der Kodex beinhaltet drei Hauptpunkte:

1. Die Behältnisse bzw. Etiketten der Muttermilchersatzprodukte müssen folgende Mitteilungen enthalten:
   a) einen Hinweis auf die Überlegenheit des Stillens;
   b) einen Hinweis, dass das Produkt nur auf Anraten von Gesundheitspersonal verwendet werden sollte, das über die tatsächliche Notwendigkeit seiner Verwendung und die richtige Anwendung informiert;
   c) Anweisungen für die richtige Zubereitung und eine Warnung vor möglichen Gesundheitsfolgen einer falschen Anwendung.

2. Verzicht auf jegliche Werbung:
   a) Werbung jeder Art ist verboten;
   b) die Verkaufsverantwortlichen dürfen keinen direkten Kontakt zu den Müttern haben;

c) Schenkungen von Muttermilchersatzprodukten sind verboten;
d) gegenüber medizinischem Personal ist jede Werbung verboten;
e) Gratislieferungen an Spitäler sind verboten;
f) Werbung für Ergänzungsnahrung für Säuglinge unter sechs Monaten ist gänzlich verboten.

3. Den Müttern sind medizinische Informationen auszuhändigen, die folgende Punkte umfassen:
   a) die Überlegenheit des Stillens;
   b) die negative Auswirkung der teilweisen Flaschenernährung auf das Stillen;
   c) die Schwierigkeit, den Entschluss, nicht zu stillen, rückgängig machen zu können;
   e) die richtige Verwendung von Pulvermilch.

4. Die Hersteller von Milchersatzprodukten haben sich an den Verhaltenskodex zu halten und sind für die Überwachung ihrer Vermarktungspraktiken verantwortlich.

Überblick über den Boykott von Nestlé-Produkten

Mitte der 1970er-Jahre sah sich *Nestlé* mit einem umfassenden Boykott durch zahlreiche Organsiationen konfrontiert, die dem Konzern vorwarfen, Mütter aus so genannten Drittweltländern zur Aufgabe des Stillens zu drängen, damit sie auf Milchersatzprodukte umstiegen. Dabei bediente sich das Unternehmen aggressiver Werbemethoden und verteilte Gratisproben. Der Boykott von *Nestlé*-Produkten und Erzeugnissen anderer Hersteller spielte eine entscheidende Rolle bei der Einführung des Verhaltenskodex. Nachfolgend ein Überblick über den Prozess der Bewusstseinsbildung kritischer BürgerInnen von den ersten Publikationen bis zum breit getragenen Boykott.

1939 Die Ärztin Dr. Cicely Williams erklärt in einer Rede im Rotary Club in Singapur unter dem Titel »Milch und Mord«: »Wären Sie wie ich verbittert über die tagtägliche Erfahrung des Massakers an Unschuldigen aufgrund unangemessener Ernährung, würden Sie vermutlich meine Empfindung teilen, dass irreführende Werbung für Säuglingsernährung als schwerste Form von Volksverhetzung geahndet und diese Todesfälle als Mord betrachtet werden sollten.« (http://www.awarecords.ndo.co.uk/zine/awa2/nestle.html)

1970 Die UN-Beratergruppe Proteine-Kalorien (UNPAG) organisiert eine Zusammenkunft zum Thema Kinderernährung und problematisiert die Vermarktungspraktiken.

1973 Die UNPAG bezeichnet Werbung für Pulvermilch in Spitälern als unangebracht.

1974 War on Want veröffentlicht im März die Studie »The Baby Killer«, die sich mit Unterernährung und der Werbung für Milchpulver in Drittweltländern befasst. (http://www.waronwant.org)

1974 Die Berner Arbeitsgruppe Dritte Welt (AG3W) gibt im Mai unter dem Titel »*Nestlé* tötet Babies« eine deutschsprachige Übersetzung des Textes von War on Want heraus.

1974 *Nestlé* klagt im Juli gegen die AG3W wegen Ehrverletzung. *Nestlé* gewinnt den Prozess. Im Urteil heißt es, der Titel der Studie sei nicht gerechtfertigt, da der Wahrheitsbeweis für den direkten Zusammenhang mit dem Tod von Kindern nicht erbracht worden sei. Dennoch werden im Urteil die Werbemethoden von *Nestlé* als unmoralisch bezeichnet.

1975 Der Internationale Rat der Säuglingsnahrungsindustrie (ICIFI), dem *Nestlé* angehört, arbeitet einen freiwilligen Verhaltenskodex aus.

1976 Die UNPAG bezeichnet den vom ICIFI ausgearbeiteten Kodex als ungenügend.

1977 In England werden erstmals *Nestlé*-Produkte boykottiert, um den Konzern zur Einstellung seiner Vermarktungspraktiken zu zwingen.

1979 An einer von WHO und Unicef organisierten internationalen Konferenz, an der Vertreter der Herstellerfirmen und NGOs teilnehmen, wird der Verzicht auf jede Form von Werbung für Milchpulver gefordert.

Die anwesenden NGOs gründen das International Baby Food Action Network (IBFAN), um vermehrten Druck auf die Milchpulverindustrie ausüben zu können.

1980 *Nestlé* und andere Unternehmen distanzieren sich von ihrer Zusage, die Empfehlungen von WHO und Unicef zu unterschreiben.
Baby Milk Action schlägt einen Boykott in Großbritannien vor.

1981 Der Boykott in Schweden und Deutschland beginnt.

1981 Die 34. Weltgesundheitsversammlung (WHA) beschließt am 21. Mai mit überwältigender Mehrheit den Internationalen Kodex für die Vermarktung von Muttermilchersatzprodukten; nur die Vereinigten Staaten stimmen dagegen.

1981 Das europäische Parlament nimmt im Oktober eine Richtlinie an, die auf dem Internationalen Kodex beruht.

1982 Der Boykott in Frankreich beginnt.

1983 Der Boykott erreicht Norwegen und Finnland.

1984 Nach sieben intensiven Jahren des Boykotts erklärt sich *Nestlé* bereit, den Internationalen Kodex von WHO und Unicef einzuhalten. Unstimmigkeiten bestehen weiterhin bezüglich Spenden an Spitäler.

1984 Nach sechsmonatiger Beobachtung des Verhaltens von *Nestlé* stellen die NGOs den Boykott ein.

1986 Die Weltgesundheitsversammlung beschließt in einer Resolution das Verbot kostenloser Lieferungen von Muttermilchersatzprodukten an Spitäler.

1988 228 europäische NGOs fordern eine rasche Durchsetzung der neuen Direktiven.

1989 In verschiedenen Teilen der Welt wird der *Nestlé*-Boykott wieder aufgenommen.

1991 Die Anglikanische Kirche schließt sich dem Boykott an. Die Verkäufe von Nescafé sinken um drei Prozent.

2004 Zum Schluss kein Boykott, sondern eine Auszeichnung: Der Public Eye Award (Publikumspreis) für besonders unverantwortliches Handeln internationaler Unternehmen geht an *Nestlé*. Internet-Userinnen und -User wählten das Schweizer Unternehmen für seine aggressiven Kampagnen für Babynahrung und Flaschenwasser in der Dritten Welt sowie für seine gewerkschaftsfeindliche Politik in Kolumbien. Ausgewählt wurden die Preisträger von einer internationalen Trägerschaft aus VertreterInnen von Nichtregierungsorganisationen (NGO). Zur Auswahl standen über 20 Unternehmen, die ebenfalls von NGOs nominiert worden waren.

Damit ist die Geschichte des Boykotts noch nicht zu Ende. Für ausführlichere Informationen zum weiteren Verlauf oder genauere Hintergrundinformationen verweisen wir auf nachfolgende Quellen. Die Publikationen zum Thema sind zahlreich. Unsere Auswahl erhebt keinerlei Anspruch auf Vollständigkeit oder Objektivität, deckt jedoch die wichtigsten Aspekte ab.

Berichte von Sonderorganisationen der UNO

UNICEF/WHO Presseerklärung, Februar 1993.
Global data bank on breastfeeding, WHO, 1996.
Infant and Young Child Nutrition EB93/17, WHO, Genf 1993.
Resolution 34.22 der Weltgesundheitsversammlung.

Berichte von NGOs

State of Code by company, 1994, IBFAN/IOCU.
State of Code by country, 1994, IBFAN/IOCU.
Breaking the rules, 1998, IBFAN/IOCU.
Cracking the Code, IGBM, 1997.

Eine ausführliche Darstellung der Geschichte des Boykotts findet sich unter: http://www.ibfan.org/german/issue/history01-de.html

Die einschlägigen WHA-Resolutionen finden sich auch unter: http://www.ibfan.org/german/gategerman.html

Buch zum Nestlé-Prozess

Arbeitsgruppe Dritte Welt Bern, *Exportinteressen gegen Muttermilch. Der tödliche Fortschritt durch Babynahrung.* Eine Dokumentation der Arbeitsgruppe Dritte Welt Bern, Rowohlt, Reinbek 1976.